U0003113

Forever Chic

那些法國女人

天生就懂的事

從保養、妝髮、飲食、運動、穿搭到生活哲學
迷人到老的魅力法則

蒂許·潔德 TISH JETT 著

呂嗣鈺 譯

FOR ALEXANDRE AND ANDREA
Always

CONTENTS

前言
PREFACE

美麗非關年齡

　　「跟你說一件事，」我對八歲的女兒安卓雅說。「我們要搬去法國住兩年！」因為我終於得到夢寐以求的工作——《國際先鋒論壇報》（International Herald Tribune）的時尚編輯。

　　「我不要去。」安卓雅說。

　　「唔，很難得耶！」我開始游說她，聲音裡有藏不住的得意。「妳可以學法文，可以擁有難得的人生經歷！可以養一隻法國貓！有一天妳會感謝我。」

　　我們家不流行走民主風，所以安卓雅告別紐約貝得福鎮的朋友，我為從流浪犬之家領養來的三隻超級大狗辦好搭機手續，接著便出發踏上精采絕倫的法國探險之路。

　　有時候，有心栽花會帶來花開並蒂。當初搬家是為了夢想的工作，而定居則是因為真愛，皆大歡喜。我在一場

法國盛宴中遇到了真命天子。那晚，貼心的東道主邀來一位操著滿口流利英語，渾身散發極致魅力的法國單身漢。那時，我會的法語單字最多二十個，中間都沒有動詞，而這位男士，我現在的老公，更是**我定居法國的理由**，立刻就征服我了。

那是二十五年以前的事了。

時光匆匆，在我還沒意識過來前，我已經從三十幾歲變成了一個「上了一點年紀」的女人。

然而沒想到，好事持續發生：完全脫澀的熟女，甚至是很熟的熟女，在法國人眼中，居然是耐人尋味、高深莫測、讓人想入非非的。

照這樣看來，法國真是女人天堂。

前陣子我才醒悟到，我的身邊充滿了美麗大師，我能從她們身上學到即使歲月也奪不走的典雅風姿。我開始觀察她們如何優美自然、獨樹一格地變老，彷彿從不操心年華消逝，只專心呵護自己，呈現最好的一面，包括講究食物，注意身材，少喝酒，運動，精采過日子。

外表和內在如何能不相衝突，我在心裡短暫辯論了一番，結果發現兩者密不可分。法國人管這叫「bien-être」或心曠神怡，確切的意思就是「身心靈合一」。我的結論是，為迎接每一天，花個十五、二十分鐘打理自己絕對划得來。

「呈現最精采的自我就是最好的反擊」，當我開始了解這句格言，我的美麗課程也開始了。美麗非關年齡，卻

和自我尊重及快樂滿足大有關係。

恰如其分的外表帶給女人自信，有什麼比自信的女人更引人注目？法國女性最令人稱羨的，就是那傳為奇談的泰然自若和明星風度，光是這些特質就能令再平凡不過的衣著看起來比別人有型。她們從不會打扮得很誇張、做作、刻意，也不會讓人覺得她們為了好看費盡心思，即使必要時的確——說不定是拚命地——花了不少功夫。

法國女人除了對外在持續不斷地精雕細琢，她們同時更認真工作，充實內在，精益求精。外表可以幫個性加分，但不是全部，這真是鼓舞人心。

機智、嫵媚、見多識廣的女人們打造了這個天堂，再加入優雅，一杯杯充滿迷人女性美、香醇醉人的雞尾酒便調製而成。

想像有個女人，讀完剛出版的新書，看過最近上映的電影，也參觀了博物館的當期展覽，而且知道如何不著痕跡地在談話中拋入幾則時事花絮……難以抗拒吧，嗯？

時時保有好奇心，是任何女人都學得來的，我就正在學。藉由這本書，我將告訴妳我知道的一切。

即使我們最後一次看見 40 這個數字是在時速表上又如何？人生就是這樣嘛。

數字不代表任何事情，這點法國女人最懂。時時保持風格、真誠、智慧、大方，用這樣的風骨去享受美麗人生，並懂得如何認清現實同時盡情享樂。生活充滿不得已的起起落落，但那不該阻擋我們對生命的感謝與喝采。

　　謹將此書獻給不管幾十幾歲的熟女們。書裡的每個細節都是為了妳的——我們的——穿著、使用、消遣而挑選的。再好不過的是，每一則詳加解釋的訣竅、祕笈、產品、準則、建議和奇蹟，某人，就是我本人，全都親身體驗過了。

　　讀下去，保證妳會重新思考年齡、美麗、健康和風格的意義。我們將與永遠看上去令人讚嘆的法國資深美女們，進行一場雕琢人生的文化交流。

　　歡迎來到我的世界。Merci par avance！感謝妳的參與。

耐人尋味的
法國資深美女
Les Femmes Française
d'Un Certain Âge

每當有人請我說明為何法國熟女似乎都擁有難以捉摸的作風，和她們美麗的祕訣，我一定大聲回答「Absolument（沒問題）！」

　　經歷這場二十多年的文化洗禮，我總算摸清楚，也偷了（不好意思，算借用吧）不少值得我們學習，使法國女人超脫歲月、青春永駐、精力充沛、時髦漂亮的好習慣。

　　我幾乎是走火入魔般地耗費許多時間深入調查，最後終於琢磨出法國女人何以有股「說不上來」（je ne sais quoi）的魅力。每個人都認為法國女人天生擁有某些我們沒有的東西，但我保證，我們也可以擁有那些東西。再往下讀吧。

法國熟女究竟有何過人之處？

我研究法國熟女，不是為了詆毀我們其餘的女性，然而經過多年清醒誠懇的密切觀察，我不得不承認，她們真的比我們其他人好看。

澄清一下，「好看」指得並不是比較青春，而是她們一定會讓自己整體上比較瀟灑，比較講究，比較精緻。不僅如此，她們似乎做得流暢自然，舉手投足之間散發著萬種風情。

自信散發出的光芒讓法國熟女成功了一大半，不過很多人想不到，「認清現實」也是邁向成功的關鍵。法國女人很實際，她們做選擇及採取行動時都非常理性；人生反覆無常，充斥著機會和風險，所以最好隨時隨地、裡裡外外做好萬全準備。

務實的天性讓法國女人兼具韌性及彈性，凍齡並非易事，法國女人早有心理準備。她們從不期待「從此過著幸福快樂的生活」，而是相信美麗、內涵、喜悅、修養以及抗壓性，可以創造一個豐美圓滿的人生。

法國女人崇尚質樸單純的美，清楚奢侈品的質重於量。她們吹毛求疵的篩選能突顯自己個性、身材和特色的一切，造就獨一無二的自我風格，經過幾十年的精雕細琢後，蛻變一幅瀟灑獨特的風景，永遠典雅脫俗。

我經常回想起多年前，我與裝置藝術博物館（Musée des Arts Decoratifs）館長進行的一場訪談，我問他法國文化被喜愛的原因，他說其實沒多大學問，那股瀰漫在日常生活中的優雅和風格，都是「渾然天成的，因為數百年來，食衣住行，每天看到的，樣樣都是美的事物。」

在這種熱中美麗並且歌頌愉悅的潛移默化下，法國女人就是這個國家豐富文化的體現——是民族傳統、典雅風姿以及生活藝術（art de vivre）的掌旗者。隨著時間的淬煉，她們越來越迷人，而且無論內在還是外在都充滿活力、耐人尋味。

法國女性如何令美脫胎換骨

說真的，除了女演員凱薩琳・丹妮芙（Catherine Deneuve）之外，如今（或過去）很少法國女人是天生美人胚子。例如名模伊內絲・法桑琪（Inès de la Fressange），她是那般風華絕倫，但她是經典美女嗎？不，她不是。試問這世上，最重要、最經得起考驗的美麗祕訣是什麼？伊內絲的建議是微笑。我從沒看過她不笑的照片。

法國女人只想做自己，這多少說明了為何她們普遍不害怕歲月流逝。一個對「美」有成熟詮釋的文化，並不會

認為年齡和美會是場拉鋸戰。依我看，法國女人早已將老化與美貌揉合昇華，脫胎換骨。男人和女人，不分出廠年份，盡可各隨己意詮釋美。法國女人一點都不怕過生日，反而利用那天來慶祝又過了一年閱歷豐富的充實人生，逛街花錢，做臉，好整以暇地盛妝打扮赴晚宴，向下一個週年致敬。

法國整型權威賽貝格醫師（Jean-Louis Sebagh）在全法國及倫敦執業，我曾問他法國女人是否接受臉部拉皮。「當然。」他回答，並立刻補充道：「但程度上不能很明顯，她們要自然的感覺。」

「渾然天成」是法國女性對人生所持的一貫態度，即使為了達到目的，可能需要一點不自然的手段。

經驗告訴我，法國女人不因年齡而感到困擾，她們會盡可能地呈現自己年齡的最佳狀態，而為了認真的執行這件事，也會多多少少做一些「稍加調整」的回春手術。在我的皮膚科醫師診所裡，我看到她們在候診室裡，和大明星們一起排排坐。然而她們並不是要改變自己的容貌，法國女人喜歡自己，或者說她們學會接受自己，並充分利用自己天生的優勢。

我很少聽到朋友感嘆時光荏苒，頂多偶而揶揄一下。例如稍微提到最喜歡的皮帶要放鬆個一、兩格，或者讓它垂在腰際（但絕不扔掉）。很多人面對歲月流逝也不曾改

變過日子的方式：健康飲食、控制體重、運動，而不依賴注射針或手術刀。聚在一起的時候，討論的是最愛的面霜，該不該剪頭髮、偶發的五十肩、早餐吃奇異果的種種好處等，無所不聊。然後話題兜到我們正在讀的書，誰看過最近一檔的美術展，政黨初選新趨勢，最新的花藝APP。她們在乎風格，也關心內在和時事。

法國女性很愛追根究柢，她們消息靈通，對什麼都興趣盎然──這也是她們耐人尋味的一部分。她們有主見，而且見多識廣，最愛的莫過於一場慷慨激昂但絕不挑釁的辯論。如妳所知，她們也很懂賣弄風情，無傷大雅的調情、火花四射的交談、嫵媚的舉止，是她們永不過時，青春常駐的祕笈。

我們一定要學著去相信：美麗、風格、性感、大方、機智、和魅力並沒有時效性。千萬不要忘記這一點、也不要被商業取向的媒體廣告誤導，並為此採取行動，像法國資深美女一樣。

紀律解放我們

我和朋友一邊喝香檳或茶（飲料種類依時間而定）一邊笑談往事時，往往會一派輕鬆的督促對方：厚厚塗上

一層乳霜、那個喝下去、記得擦防曬、那個別再吃了、好吧！再一杯酒、把那瓶水喝光、吃呀！吃塊巧克力、減個幾磅吧……。

上了年紀後，因為荷爾蒙、以及日常生活給我們的額外挑戰，即便每天的美容功課沒有太大改變，但可能多了幾條當務之急，難度也有點提高了。一位我曾訪問的營養學家指出，更年期後，每天的飲食攝取必須減少二百五十大卡才能勉強維持體重穩定。

法國女人會為這點芝麻小事煩惱嗎？不，不會。好，那細節就更重要了，但打扮的樂趣不會因此減低。這些功課她們行之有年，現在怎麼會中斷？紀律是一切的基礎，女人的萬事從此而興。千萬別被「紀律」這個詞嚇著了，對女人而言，紀律是解放，讓我們無論天命如何，徹底絕對地掌控自己的人生。

法國女人不認為照表操課呵護自己是負擔，在呵護外表並精心裝扮的同時，她們不斷地培養、增長自己的智慧，以及對外探索，這一切都非常法式，也都做得到。但我們似乎很常認為振作起精神是個不勝負荷的重擔，我們不知怎地錯失了這個**歡樂基因**。然而，身為美國人，常居在法國，觀察我的朋友及熟人，我知道這並不難。真的，很簡單。

做完足部保養，臉部美容，剪了美美的頭髮，穿上漂

亮的內衣，噴一點最喜歡的香水，妳是不是感覺好多了？這些法國女人天生就懂，對自己的細心呵護建立了她們那種令人十分羨慕的自信。

妳已經在問：「那不是要花很多時間？我哪來這些多餘的力氣？」時間嘛，你要就會有。剛開始，好像必須辛苦擠出額外時間，直到養成習慣之後，就會變成例行公事。請將寵愛自己視為理所當然好嗎？這一切應該是「歡愉」而不是「費力」的，請用法式思考。

功效會立刻出現——真的，一個月內妳的肌膚會顯得比較年輕，而妳那一流水準的髮型會讓妳避免每天早晨的一團忙亂。振作起來打造一個理想的衣櫃，可以消除浪費時間找衣服的驚慌失措，並因此帶給妳嶄新的自信。

法國女人適量進食，少量飲酒，花必要的時間去執行她們熱中的每日梳妝打扮，以及護膚、護髮、去角質的沐浴習慣。她們勤於保養、每個早晨輕快地（而且清淡地）化妝，並不覺得這是非做不可的煩人瑣事，因為這能讓每一天有好的開始，有其必要性和建設性，這是女人對自己最好的投資，並且能不斷回收紅利。

真正的青春不老泉

我在附近鎮上的成人學校教英語會話已經很多年了，這讓我感覺更融入法國人的生活圈。我學生的年齡從四十四歲到七十五歲不等，妳應該想像得到，她們正好做為我的調查對象，調查結果都發表於我的部落格。

針對這一章的主題，我訪問她們如何保持年輕。以下是她們的回答，這些答案並沒有特別順序。

> 旅行。

> 上課，從繪畫到電腦到打高爾夫到瑜珈什麼都上，當然，還有英文。

> 年度博物館會員身分。

> 含飴弄孫。

> 社交娛樂。

> 新鮮的空氣和長時間的散步。

> 攝取大量的蔬果。（她們有幾位家裡有菜園，我家也有；畢竟我們是住在鄉村。）

> 性愛。

妳會發現，沒有人提到最喜歡的保養乳霜或美容祕笈。

記住，沒有人是隱形人

第一步是下定決心：對，我很忙，我快被生活壓垮了，我有重要的不得了的事情得完成。坦白說，那些事永遠沒完沒了，對吧？在繁不勝煩的生活裡，有意願回頭評估自己擁有什麼天生資產的人，就會找到時間。和法國女人一樣，我學會了將自己擺在第一位，這不是自私，是智慧。

法國女人從不會想：「我就穿這件邋遢的舊毛衣和夾腳拖，素著一張臉很快地去買個東西。」她知道她不是隱形人，也不在乎會不會遇到熟人，她有相當的自尊和自重，無法對外表毫不在意。我認識一個女人真的這樣說，如果查水錶的人按門鈴，她還沒畫完妝的話不會去應門，她說：「他會再回來。」

如香奈兒（Coco Chanel）女士所言：「我不明白一個女人怎能毫不整理儀容就出門──就算禮貌上打扮一下都好。而且，緣分天註定，說不定那天就是相遇的日子。所以，為了那一刻，她最好力求完美。」真貼切。

說到力求完美，頭腦清楚的法國女人不會去問先生或伴侶是否認為她的臀部太大，或發現她變胖了。像我最要好的法國朋友安所說的：「妳何必將負面的，尤其是沒人注意到的地方講出來？太傻了，是吧？」

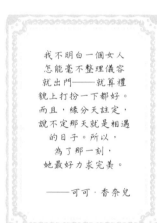

我不明白一個女人
怎能毫不整理儀容
就出門——就算禮
貌上打扮一下都好。
而且，緣分天註定，
說不定那天就是相遇
的日子。所以，
為了那一刻，
她最好力求完美。

——可可·香奈兒

「年輕時我會穿比基尼內褲和又薄又軟的絲質內衣在我先生面前晃來晃去，因為我身體的每個部位都賞心悅目。」她告訴我。「如今，儘管我瘦，生了六個孩子加上歲月不饒人，一切已經不如以往那般漂亮了。現在我的居家服都改成絲綢小可愛、喇叭短內褲、和式開襟雪紡衫，還有——我的腿依舊好看，後空細跟涼鞋讓我看上去更高一點。我先生什麼都沒發現，只認為我是改變造型。任何有點頭腦的女人都不會希望男人知道她在遮掩什麼不好看的地方吧？」

法國女人清楚自己的強項，隱藏自己的弱點，而且幾乎從不討論（除非和閨密）她的恐懼、失敗或缺點。我們美國人在人際關係中往往太快告訴對方每件事情，努力想被人喜歡，事後再後悔自己不明智，缺乏紀律。法國女人沒那麼在意是否被喜歡，她們知道應該要保持一點神祕感。

努力 + 紀律 = 大豐收

如果有人問我：「從妳和法國女人之間的交情和對她們的觀察，妳學到什麼是最至關重要的一課？」我會回答：「再微不足道的努力都能大有斬獲。每件事，從用心布置餐桌，到起床、更衣，走出去看看這新的一天會有什麼奇遇。」

我的朋友安是六個孩子的媽，十二個孫輩的祖母，還是室內設計師與兩棟大宅院的出色女主人。她告訴我她很懶惰，所以她有條不紊。「要是我的生活一團亂，就什麼都做不了。」

有時我打開她的衣櫥和餐具櫃找靈感，每件物品擺得整整齊齊，不但有條理，而且美觀：層架上的鋪紙漂亮可愛，薰衣草香囊依偎著熨整服貼的床單——她祖母用過的床單，她接著用了好幾年，依然完好如初。

「是的，我井然有序，也許這表示我很有紀律，但說穿了這是唯一不浪費時間而能擁有更多愉快消遣的辦法。」她解釋。「我寧可享受時間看看書、做臉，或者跟妳喝茶聊八卦。」

安並非很神經質，她更不是所謂的胖枕頭癖（pillow-plumper）——那種沙發一淨空就連忙拍打抱枕的人，她做每件事都顯得毫不費力，無論是準備晚宴還是穿衣打扮。

她能擁有各種卓越本領，就是因為她打造了一個隨時準備到位的後台。

她還能穿得下大部分以前的衣服，那些用了這麼久仍被妥善維護的床單，展現出她愛惜物品的態度。她對待衣櫃也是這樣。「我很照顧衣服。我看重它們，因為它們讓我看起來漂亮、心情愉快，而且其中幾件非常昂貴。不過，我已經把六〇年代和七〇年代的衣服送給女兒們，我穿實在太年輕了──我想看起來年輕，不是可笑。但我的襯衫式洋裝、裙子、外套和禮服，全都穿超過三十年了。儘管我盡量維持比較穩定的體重，身材還是會變，這時裁縫師就派上用場了，或者我乾脆換個方式穿。如果襯衫裙腰際的釦子扣不上，它可以當成搭Ｔ恤牛仔褲的輕便外套。」

我見過她這樣穿一件淡藍色丹寧襯衫裙，好好看。

法國女人的紀律讓人難以想像，那是因為她知道自己所繼承的精神財富，將來是要傳給下一代的。紀律不會妨礙一時奔放的想像力，即使最約束自己的法國女人偶而都會失神脫序，這是享受豐富人生的一部分。記不記得另一句法國名言：「如果不准吃巧克力蛋糕和喝香檳，怎麼可能享受人生？是吧？」

年齡勝美貌

最近和朋友吃飯，晚宴主人馬西榭和我聊到年齡、美貌、魅力、蘇格拉底（妳沒聽錯）、性、政治——典型法國派對裡，餐桌上的標準交談話題，他說他寧可坐在一位優雅、愉快、迷人的八十歲女人隔壁，也比一個二十五歲沒話說的正妹好。

「我想要欣賞一個女人，聽聽她的見聞，看她眼裡的火花。」他說。「乏味的正妹毫無樂趣。年齡是什麼回事，我說不上來，但魅力和年齡實在沒關係。」

我定居法國的理由立刻接腔表示贊同。（呃，當時我正坐在他的對面。）

漸漸地，法國人為某些女人取了綽號，因為她們隨年齡散發出的魔力不同於大家公認的「標準美」。舉例，「魔鬼之美」（La beauté du diable）總是被用來形容碧姬芭杜（Brigitte Bardot），象徵這種頃刻之間就燃燒耗盡的妖嬈美貌——青春咻地一飛而過，蕩然無存。還有「美麗的醜女人」（jolies laides），例如社會名流賈桂琳·德·里柏（Jacqueline de Ribes），歌手伊迪絲·皮雅芙（Édith Piaf），作家柯蕾特（Colette），喬治·桑（George Sand），演員夏洛特·甘斯布（Charlotte Gainsbourg）以及她那同母異父的妹妹露·杜瓦隆（Lou Doillon），她們

只是屬於這一類的許多、許多女性當中的幾位。我在法國認識的多數人無疑也會將香奈兒女士算在內。她們比社會標準公認的美女有趣好看多了。

她們依個人的形象創造了自己（甘斯布和杜瓦隆現仍持續創作），從沒試著將自己塞入哪個青春美麗的模子。她們不約而同地，在身體上及心理上都對自己的本性感到舒適自在。這幾位女性體現了鮮明獨特的美。法國人有句形容詞說得妙：「bluffant」——直譯是「虛張聲勢」，但有正面的言外之意，表示「神秘」、「驚人」、「難忘」，充分描繪了「美麗的醜女人」。她們的風格極具原創性，「可人」（jolies）和「亮麗」（belles）這類形容詞常用在她們身上，比起平庸「美」女隨意輕信外貌是女人所需的全部彈藥，她們更值得關注。那種想法要不得，法國女人自己心裡都很清楚。

法國熟女知道怎麼給自己加分，從頭髮、衣著到所有一切，結果就是她們永遠看起來清新入時。她們會施展魔力，讓我們重新定義對青春之美過時的見解，單單她們散發出來的自信就叫人無法抗拒，怎麼也不顯老。

透過信念、毅力、實踐，任何人終究都能擁有自信。紀律是必要的，但紀律很快會變成習慣，習慣久了就連想改都改不掉了，我保證。首先妳必須相信妳與眾不同、朝氣蓬勃、艷光四射、有趣迷人。思想要積極，如果妳常採

取消極態度，學著不給自己這個選項，日積月累，自信會主宰一切。

　　信心隨著時間建立，而法國熟女們很早就立下根基；她們每天磨亮自己的形象，成年以前她們就奠定了自我風格，琢磨什麼東西對她們的外型和生活方式最有幫助。她們的衣櫃五臟俱全，但每件物品都適得其所，不會令人抓狂。她們的美容計畫簡單又有效，她們花大筆錢在頭髮上，認為那是基本投資——頭髮整理好，每天都少件事擔心。飾品或衣服若有鈕扣掉了、髒了、皺了，就不會還放回衣櫥。細節，細節，還是細節。紀律，紀律，還是紀律。

她是自己的第一優先

　　再告訴妳一個建立自信萬無一失的祕訣：練習說不。

　　「Non」（不）是每一天，每位法國女性說得很輕鬆的字，而且說完不必道歉和解釋。當法國女人說不的時候，她同時也在對自己說「是」，把自己放在第一優先。呵護自己的每一部分讓她保持神清氣爽、心情飛揚的去面對生活中的大小事：丈夫、家庭、朋友、工作、熱情和時尚。

　　移民法國之後，我對生活漸漸有了不同的看法，我開始欣賞法國女性，將她們的某些觀點和習性納入我自己的

作息。她們不認為呵護自己是怠慢別人或輕忽責任，這兩者互不矛盾，沒有利害衝突。保持愉快的心情有益健康，不是自私。

她們之所以可以保持年輕，並非只靠著髮型、妝扮、衣著、儀態、行雲流水的肢體動作，還有追求智識的進取心。我認識的法國女性大量閱讀，喜歡看展覽，是電影迷，更善於交際。

也許是她們整天猛灌的礦泉水裡的鎂在作怪，無論是什麼原因，我認識的法國女人個個洋溢活力與熱情，也許這才是真正的青春不老泉，再加上一流的髮型，和完美的黑色小洋裝。

好了，一章一章讀下去吧，我們仔細看看她們如何將自己的事做得這麼好。

十個保持
瀟灑永駐的祕訣

我們都愛入門法則，對吧？這十條準則保證在無形之中，帶給妳意想不到的功效。妳會看起來比較年輕、入時，甚至比較有自信，然後，又因此看起來更美，這是一個良性循環。

1. 美姿美儀。隨時抬頭挺胸，肩膀向後夾，身體調整到完美的一條線，穿衣服更好看，身體和心理都會得到神奇的果效。

2. 適可而止。極簡的彩妝，隨著動作飄曳的秀髮，小心，過分講究或一成不變的裝扮會奪走妳那若無其事的風采。（衣服和配飾也是同樣道理，太僵硬或太壓迫必然會顯得單調不靈活。）

3. 保養。將個人保養編入預算和時間表。妳自己就是最值回票價的投資，沒有人比法國熟女更清楚這點。不要內疚，這是妳應得的。

4. 克服難關。學習面對負面情緒，不要心神不寧。我們現在是大人了，操心枝微末節只會長皺紋。

5. 妳是獨特的。妳身上只存在與別人的差異，沒有缺陷。差異造就個體性，使妳獨一無二。

6. 每天都是一個機會。這是法國女性的生存法則。起床，穿衣服，走出去。這是為了妳自己，妳的自尊，和妳的觀眾——無論妳認不認識他們。

7. 和善待人。隨時保持親切有禮，這點適用於妳和每個人的互動——家人、朋友以及陌生人。聽起來也許是老套了，但微笑的確是世上最有效的臉部拉皮。法國女性不吝於微笑，現在她們也開始學美國人流行漂白牙齒了。

8. 如詩一般行雲流水的步伐。輕鬆邁步，從容蹓躂，讓妳的步伐彈起來。不需要穿細高跟鞋昂首闊步，穿平底芭蕾舞鞋也做得到，而且看起來一樣年輕時髦——說不定更明顯呢。

9. 在香氛的雲霧之中飄浮。隨時噴一下，離妳近或遠的人都會感謝妳。香水不是特別場合才能使用，它是一個人性格的延伸。

10. 假裝自信一直到真有自信。一個人到底能有多自信？試試上面講的，妳會看起來充滿活力與自信。這才是青春美麗最根本的祕訣。

極致寵愛
More Than
Skin-Deep

法式呵護

文化薰陶？天生麗質？後天養成？從我開始探究法國熟女為何擁有晶瑩剔透，卻又如此渾然天成的肌膚，這些問題便一個個從我腦中跳出來。

是文化的作用嗎？是，也不是。染色體呢？噢，Non。基因真的不是重點，不過，傳統倒代代相傳的。在母親和祖母的呵護規勸之下，法國女孩們承襲了好習慣，這基本上說明了為何法國女人終其一生都能擁有紅潤發亮、青春永駐的肌膚。

不過放心，開始用心呵護妳的臉和身體**永遠不嫌晚**。我保證，看得見的、容光煥發的成果將會是妳的獎賞。雖

然過去這麼多年我對自己的臉也算是悉心照顧（託我媽媽的福），但自從有了法國的皮膚科醫師、內科醫師、美容師、整型外科醫師、藥劑師、和朋友們那裡蒐集到的許多建議，我皮膚的所謂「éclat（光芒）」，和膚況都更加顯著的改善。

在這一章，我要告訴妳從臉到腳，每樣細節、每個習慣、每個祕訣，所有我從法國女性身上學到的呵護和保養肌膚的方法，以及，再強調一次，如何樂在其中。

法國女性如何守護她們的天生資產

每個人都同意，女人的肌膚狀況不一定和年齡成正比，而且，有可能顯得比較年輕。這個說法我以前從沒想過，現在倒感覺非常有說服力。

法國女性對待她們的臉十分用心與周到，絕不會忽略任何一釐米的肌膚。即便是一般情況下，別人不會看到妳的每吋肌膚，不表示就不需要被呵護。每天沐浴後，或在泳池或海灘待了幾小時，沖洗完身體，她們一定會擦乳霜或乳液。特別是冬天皮膚長時間被厚重衣物遮蓋，這時擦富含油脂的乳液及乳油為身體作密集保濕保養，效果更是加倍。看不到的地方和臉部都要非常溫柔地對待，如果

妳喜歡苧麻（ramie）或劍麻（sisal）沐浴手套擦洗的效果（去角質好處多多），最好把手套先煮沸過後再使用。巴絲卡蕾是巴黎十四區，服務親切的柏納科絲兒美容中心（Bernard Cassière）的總監，她說那些去角質手套買來的時候通常過於粗糙，她喜歡煮個一、兩分鐘再用。（等著瞧，差別很驚人。）

呵護和保養的習慣，我相信，部分仰賴女人自己的個性，部分要看時間限制和紀律。有些人對長時間的「toilette」——沐浴和妝扮的儀式，感覺如沐春風；而有些人則沒時間也沒興趣沉溺於冗長的程序。無論如何，享受過程是基本要求，怎麼會有女人將例行美容當成麻煩事？**法國女人就不會。**

我想我們得換個腦袋思考，揣摩法國人會怎麼想，找出享受生活的方法，時時製造樂趣。相信我，從頭到腳悉心呵護自己，是一個要持續送給自己的禮物。

我提到的每一樣產品和療程都經過親身體驗，我敢說，照著書裡的意見做了之後，妳也會顯得比較年輕，比較不需要化妝，受到恭維的時間比操作妳的新美容課表還要多。

法國女人熱愛皮膚科醫師

我從法國友人身上學到最寶貴的功課之一就是，每個女人都一定要有自己專屬的皮膚科醫師。這件事我一開始也覺得很新奇，因為除了陪我媽媽去看過敏之外，我沒有自己找過皮膚科醫師。我媽媽的醫生是奧地利人，早在那時，他就要我們盡可能別曬太陽，而且一定要用他囑咐的隔離霜。託他的福，早在陽光被發現是人類最大的敵人之前，我就受到保護了。

醫師和美容師（esthetician），對法國女人而言，就是有證照的肌膚專家。他們專門做臉部保養、除毛處理、各式身體美容療程——妳知道，就是種種那些讓我們想搬進溫泉美容中心去住的舒適款待。據皮膚科醫師們說，自我診斷是女人照護肌膚時最大的錯誤。卡歐·杜碧蕾（Carole Doubilet）是巴黎時髦的蘇緹思（Sothys）美容中心的美容師兼總監，她告訴我：「這麼說吧，女生可能自以為皮膚是乾性或油性，但那些感覺無非是因為使用了錯誤保養品，或對環境異常危害的反應，包括酷暑和冷氣。」

儘管美容師與皮膚科醫師不見得凡事看法一致，這點卻不謀而合。多數女人隨處依賴從朋友、廣告、銷售人員或最喜歡的雜誌裡的評論標題而得的建議，來選擇洗面霜和保養品。我們自己蒐集資訊，但可能完全不符合我們的

需求。「那是浪費時間、力氣和金錢。」杜碧蕾說。「專業人員可以光從臉部的診察，就準確地看出一個女人的皮膚狀況，在了解自己的膚況以後，她就知道如何妥善照護自己了。」

皮膚科醫師是女人圈裡不可或缺的一分子，隨著歲月向前走，她們之間的關係也越來越密不可分。當然，皮膚科醫師主要是為解決問題，但我的個人經驗是，她們能提供不需麻醉就發揮凍齡效果的方法。

嘉蕾醫師（Valérie Gallais）是巴黎著名的皮膚科醫師，她有客戶是明星（我看過她們從走廊偷偷溜進她的辦公室），她說除非一個女人的皮膚症狀嚴重到要就醫，否則每年只需就診一次。

「我為求診者做傳統的從頭到腳的檢查，尋找黑色素瘤或其他會吸引我注意的痣。接著，我們坐下來討論美。」她說。「讓女人用樂觀的心情來結束看診會比較愉快。在診斷調查裡，我也會評估她的臉部狀態。遇到新的求診者，我會詢問她們的生活方式，使用的保養品，以及美容保養習慣。如果使用的產品不對，我會向她們說明原因。如果她們禁得起更高效的配方——這通常能讓她們得到更驚人的功效，我會建議另一種保養品或開一個更有成效的處方箋。」

「多年來一直找我看診的人，往往會需要更換保養品

牌，或升級到同系列更強效的保養品，因為膚況會一直改變，配方必須隨著女人進化。她可能不應該五十歲了還在用四十或四十五歲用的乳霜。其實忠於特定保養品五年就可能太久了，定期升級是必要的。」

我們有必要說清楚，找皮膚科醫師**並不奢侈**。皮膚科醫師是我們最重要的抗老伙伴，講白了，是必需品。找一位好的皮膚科醫師，培養無論住在哪裡都保持往來的關係並不壞。每年找她做一次檢查，這跟婦產科一樣通常是有保險給付的。沒有醫師會找警衛趕妳出去，只因為妳多花了幾分鐘討論抗老乳霜和保濕面膜。

皮膚科醫師是一個有明顯收益的投資，如果我們遵循她們對照護清潔所建議的簡單規則，我們幾乎不需要用化妝品，即使要用，也能用得不著痕跡，和法國熟女的臉一樣清新自然。

我還發現，她們推薦的保養品，與背後有強大廣告收益、效力比較差、作用比較不明顯、適合開架套裝販賣的品牌價錢差不多，所以這項投資對妳的錢包也有利。呵護自己不是放縱，是為了我們的身心健康，同樣地，也是為了我們所愛的人的身心健康，一定要編列這項預算。

與時間作戰：抗老保養品

專家們強調，女人應該從三十歲就開始將抗老保養品納入她的美容養生計畫。因為這個資訊對我來說已經太遲了，所以我連忙為女兒買齊了所有嘉蕾醫師推薦的保養品，寄去芝加哥給她。

嘉蕾醫師說，神奇三寶是最起碼的必需品：一種清潔產品，兩種保濕滋潤的乳液或乳霜——一個白天用，一個比較強效的配方晚上用。保濕和抗老成分加在一起功效更加顯著，記住，我們選擇的產品一定要確實針對自己的膚況、年齡或特殊毛病（專家們一再叮囑，任何狀況都必須考慮進去。）

保濕、保濕、再保濕是所有皮膚專家的老生常談。為了讓生活少點麻煩，她們一致贊同，可以找找看含防曬配方的日霜。

嘉蕾醫師的整體建議：「保濕產品隨年齡而定。通常維他命 C 是年輕女性走入抗老的第一步；玻尿酸、維生素A、乙醇酸（glycolic acid）比較適用於成熟肌膚。不過很多時候我會建議年輕一點的輕熟女使用含視黃醇（retinoid）的保養品，譬如維 A 酸（Retin-A）。」

在美國，二十幾和三十幾歲的女性常被推薦使用乙醇酸，因其有益於控制面皰和抗老。

循序漸進很重要。皮膚專家警告女人應該要逐步增加抗老保養品的效力——從輕效產品開始，隨著肌膚需求一點一點往上加。過度保養沒有好處，任何處方都一樣。「讓妳的肌膚工作，」她們建議：「別太快給太多，會產生反效果。」嘉蕾醫師說。隨著肌膚的進化，我們也要跟著進化，支持它前進但不要給予過於它需要的協助。皮膚專家和美容美學家在這點上立場一致。為了得到獎賞，我們要讓皮膚「盡責」。譬如說，四十歲時女人的肌膚可能不需要強效保濕的保養品，但六十歲時可能就很需要了。保養品的選用應考慮荷爾蒙變化，和女人一起成長。

世界聞名的整型醫師賽貝格醫師深信保養可以減緩歲月的腳步，也同意保養應從年輕時、三十幾歲左右就開始。他認為肉毒桿菌、填充劑、拉皮和雷射治療這些微調，也應該是守護青春計畫的一部分。「不要太多，夠了就好。」他說。「記住，法國女人不希望別人認為她們在做什麼違反自然的事，持續做保養，根本上沒改變，也就不會引起注意。」

賽貝格醫師稱這些療程是「微調」，他不做「變臉」，而是協助肌膚修復。「如果妳及早開始做醫美保養，四十歲的臉可以維持到七十歲。」他說的醫美保養可以是個雞尾酒組合，包含雷射光療、肉毒桿菌注射、玻尿酸填充術、中胚層美塑療法（mesotheraphy，這個待會兒再

提）和注射美容（抗氧維他命 C，A 與 E）。所有療程都是由資深優秀的醫生來操刀，能像賽貝格醫師一樣兼有藝術家的鑑賞力就更好了。他說這些最小量的侵入療程可以創造奇蹟。

因此，我問賽貝格醫師，為了得到四十歲的臉維持到七十歲的奇蹟，最少要花多少錢。

「這問題好美國化，」他說。

「就算是吧，請包涵。」我說。

「一年要大約二千五百歐元，不過我有些病人花費超過一萬歐元。」

大部分的人，基於種種因素如價值觀、預算、恐懼，寧可採用軟性一點的方式做美容養生，這表示我們必須憑藉良好的判斷力、有益的食物、可信賴的皮膚科醫師和適當的保養品。優渥財富和優質基因沒什麼不好，但那是運氣。

這幾年來，我一直使用一種維他命 C 精華液和搭配的乳霜，兩者都是法國美學醫療裡首屈一指的內科醫師席班博士（Sandrine Sebban）所推薦的。嘉蕾醫師告訴過我，維他命 C 是一種抗氧化劑，用來「捕捉」加速老化過程的自由基。含有維他命 C 基底的精華液和乳霜可以幫助改善肌膚密度，產生較少的歲月痕跡。

自由基會加速破壞維持皮膚光滑彈性的膠原纖維，藉

此老化肌膚。維他命 C 對維護膠原蛋白有很高的效益，唯其本身不穩定，它唯一能被人體吸收利用的形式，只有 L 型抗壞血酸（L-ascorbic acid。譯註：就是坊間常說的左旋 C），必須用深色遮光的瓶子保存。我的活膚 C 精華液就是用這樣的瓶子銷售，席班博士還囑咐我最好要將它貯存在醫藥櫃裡。

　　知道保養品背後的科學原理挺叫人開心的，不過我在乎的其實只是成效。維他命 C 適用所有肌膚型態，而且，我的確已經看到差別。我的肌膚幾乎看不到毛細孔，有如嬰兒般光滑水嫩，行貼面禮時別人都恭維我的臉頰細緻，充滿青春紅潤的光澤，我因此不太需要化妝。

　　維 A 酸處方是我已經超過二十年的最佳夥伴，我的肌膚適應得很好，對某些女人則不然。每晚使用（可能過度了）的結果是，我的上唇沒有「條碼紋」，山根位置也沒有那個什麼典型的獅子紋。

　　席班博士說：「這個保養品是有史以來最不尋常的抗老良藥，我們的醫藥箱裡的必備處方，最好的預防性藥物。」

　　如果妳可以接受維 A 酸，我建議去跟醫師要處方箋。那是另一個永遠不嫌晚的補救措施。如果出現潮紅或脫皮的副作用，嘉蕾醫師建議用妮傲絲翠果酸煥膚系列（NeoStrata Renewal）替代。治療潮紅和脫皮這類的困擾，她說優色林（Eucerin）的強效抗紅晚霜（Anti-

Rougeurs Nuit）可以解決。

可惜，我從沒想過將維A酸塗在我的鼻唇摺痕——鼻子和嘴唇之間那些討厭難看的括號紋，不過我不覺得會有太大差別。有一位美容師說我這輩子一定常常微笑，她說對了。

另一個不爭的事實：維A酸沒辦法用來填平因為臉皮鬆弛而產生皺痕的皮膚組織，填充劑才有效。而且，妳知道的，填充劑要用針筒注射。

不過不要緊，席班博士告訴我微笑是最好的臉部運動，真令我開心。「微笑是上升肌，做鬼臉和皺眉頭是下降肌」，此外還有地心引力，所以越上升越好。」他說。

高效的抗老產品也應該用來擦整個「胸前區」（décolleté），在妳想到要保養那裡之前，悲劇往往已經發生了。我脖子上的皺紋，就證明了我有多粗心大意。我們整天將厚厚一層的乳霜、護膚液和防曬保養品往臉上擦得很高興，卻忘記嬌弱的頸和胸。為了補救，我先求助最信任的維A酸，結果沒幫助，讓人更加失望。於是我找嘉蕾醫師搬救兵，而她派出神奇的中胚層美塑療法。

沒有什麼比中胚層美塑療法更具法國味的了。法國女人酷愛中胚層療法，她們說它是一種美學回春術（或者，她們裝作不知道）。

中胚層療法由法國的丕斯托醫師（Michel Pistor）於

1952 年提出，法國國家醫學會（French National Academy of Medicine）在 1987 年將其視為民俗醫療裡不可或缺的一環。不過嘉蕾醫師並非撐著傳統醫學的保護傘，才為我的胸膛進行治療，她坦誠，中胚層療法對她而言就是種美容醫療。

中胚層療法是針對問題肌膚所做的最微量的侵入程序，適用於多種美容需求（譬如打造奶油手和淡化魚尾紋），利用顯微注射的方式進行雞尾酒複合式療法，我的組合配方是維他命加玻尿酸。是的，過程裡有打針，可是長度只有四分之一吋，而且管尖極細。「很可愛吧？」嘉蕾醫師拿著針在我面前揮舞，同時溫柔地擦去我出門赴約前才抹的那厚厚一層麻醉乳霜。

在皺紋患處，施行「nappage（點狀注射）」回春技術，微小的「營養子彈」直接被送入皮膚的中間那一層，中胚層。真的，沒有痛處，只有好處。當然，每人需要治療的次數不同。一次八十歐元的療程我做兩次就心滿意足了。注射導入的雞尾酒配方會刺激天然膠原和彈力蛋白的生長，這是「自然」進行的，醫生們只是幫點小忙。經由皮下注射的玻尿酸分子有潛力吸附大它三十倍的面積與體積的水分，形成令肌膚潤澤飽滿的高分子化合物。同時，它促進細胞再生並改善微循環系統，幫助修復肌膚。

原則上這個療程應該再接再厲每年重覆。我對結果滿

意極了，打算將它列入我的美容執行計畫表。而且，我絕不會再忽略頸部以下的保濕或忘了擦適當的防曬。不經一事，不長一智。

琇珂夫人（Joëlle Ciocco）深受《Vogue》法文版雜誌推崇，她是「享譽全球的表皮皮膚科專家」（epidermitologist，顯然是她的自創詞），向她求診之後我的美容清單增加了一些保養品。琇珂夫人是生化學家，根據幾位我訪談過的女性描述，她也是奇蹟創造者。然而，對我來說她超過預算。她有一套接近兩個鐘頭的臉部療程，一年差不多要做四次，每次要花掉整整一千一百歐元，卻只是在臉上擦乳液和乳霜，然後再加上大師派頭的精采動作。精采動作不見得令人愉快——在某個當口她套上一雙外科手套，將拇指伸進我的嘴巴，其他手指包住我的臉頰向後伸到耳朵，然後開始用力按摩。她警告我可能會「不舒服」，而她的手在我的嘴巴裡，我只有兩個選擇：咬她（我很認真考慮這麼做），或是乖

小提示：

下次去皮膚科的時候帶著護膚保養品一起去，這樣妳的醫師就能立刻知道妳的美容保養習慣。

乖地流眼淚。看在她算我半價的份上，我決定不發飆。

她的忠誠客戶裡包括熟女（或超級熟女），以及國際知名的電影明星，這麼看來她似乎有傲人的口碑，她還擁有一個頗具規模的產品系列。出乎意料的是，她給我一份應該立即開始使用的建議採購清單，但其中沒有任何一款自己的產品。清單最上面第一項，是薇姿三合一淨膚泥（Vichy Purete Thermale 3-in-1），很棒的清潔卸妝用品。

另一個她推薦的是濃縮硒（selenium）安瓶，聽她的意見我直接擦在臉上，一星期擦三個晚上直到整盒用完。據說，硒能促進抗氧化劑的功效，是很厲害的抗老武器，可是感覺擦在臉上很奇怪，我詢問醫師和皮膚科醫師的看法，兩位都說硒分子太大無法滲透肌膚，但又說硒是很棒的內服抗氧劑，還說如果我喜歡撕裂玻璃安瓶的感覺，想將礦物質敷在臉上當做收斂，當然也可以，但若想認真對待肌膚，我應該喝下去。於是我開始用喝的，我的人生因此改變了嗎？沒有，不過大致上以我的年紀，我的皮膚看起來好極了，我下的功夫的確有幫到忙。

天然的硒存在於包括大蒜、全穀物、海產、鮪魚、蛋和巴西堅果在內的很多食物之中。何不內外兼修呢？這一向是我的人生哲學。

嘉蕾醫師開了兩樣營養補充品給我，我天天吃：克勒迪斯特（Cledist）是一種化合物，富含神奇的硒，加上

鋅、維他命 E、維他命 C，以及其他豐富的天然成分，包括番茄、藍莓和葡萄的萃取物，還有薑黃。接著另一樣是艾提昂斯（Elteans），它供給 Omega-3 和 Omega-6 脂肪酸的著名奇效，以及大豆和蘿蔔的萃取物。我的液態硒用光之後，便決定只要服用嘉蕾醫師開的補充品就好，我打算一輩子都照著吃。

由內到外

信不信由妳，肌膚保養不僅只是擦保養品或避免環境傷害，法國女性深知我們吃下去的東西和吸收進去的東西都會種下後果。

這點應該不言而喻，但每個人都告訴我，在一把年紀之後，我們還能做的最傷害容貌的事情，就是反反覆覆的節食。我聽了有點心灰意冷，因為很抱歉，我就是這麼過來的。而且，她們強調要攝取可以保持年輕的食物，妳知道的，大量的穀物、有益的蛋白質，和綠花椰菜。

我們全身上下至少有一塊地方需要脂肪，那就是臉部，法國有句至理名言：「用十磅的肥臀換十年的靚臉」。不過我有一兩個朋友，寧可維持三十歲時擁有的翹臀，至於臉，就量力而為吧。

「臉部的脂肪讓我們看起來年輕。」席班博士說。「這裡的脂肪和身上其他部位的脂肪不同，它比較脆弱。臉部肌肉凹陷令我們看起來憔悴，臉部肌膚鬆弛則會顯得比較老態。」

還有，一天至少要喝 1.5 公升的水。內科醫師弗卡得醫師（Alexandra Fourcade）今年五十一歲，她總是放一個水瓶在辦公桌上，有時候一天要回裝三次。此刻，我旁邊也有一個水瓶，裡面放了半顆 500 毫克的維他命 C 冒泡錠，有時是攪入綠茶。維他命 C 是抗氧化劑，積少成多，而綠茶有助於水分吸收，好處再加一級，這些弗卡得醫師都贊同。

早晨飲用一杯紅石榴汁提供大量的抗氧化劑，弗卡得醫師天天喝。

我們很多人常常辦不到每天攝取五份蔬果，關於如何解決這件事，嘉蕾醫師和席班博士建議她們的病人一年服用兩次的「特效藥」——膠囊狀的維他命和抗氧化劑，她們自己也吃。每次的藥效維持三個月，然後暫停三個月，然後再吃。不用說，我也跟著我的美容領袖們服用歐蕾雅集硒元素（Oléage Selenium-ACE Progress 50），它含有葡萄籽、橄欖、綠花椰菜和番茄的萃取物，全是以抗氧化的功用聞名。

睡美人

我們需要睡眠。生活充滿問題和壓力，遭受打擊的不僅僅是我們的精神和體力，同時還有青春和美麗。睡眠讓心靈恢復年輕，讓身體恢復活力。如果妳為失眠所苦，可以試試草本藥方——我的朋友兼藥劑師克莉斯汀推薦我一個配方，混合纈草（Valeriana officinalis）、西番蓮（Passiflora incarnata）、山楂（Crataegus sp.）及黑苦薄荷（Ballota nigra L.）。也可以使用精油或花草茶。克莉斯汀還建議將三滴的羅馬洋甘菊、檸檬馬鞭草或橙花滴在一小塊方糖上（相信我，糖是需要的），然後吞下去。

席班博士也強調睡眠對美麗肌膚的重要性。他的睡眠從不少於七個小時，並且說我們應該找方法，無論是藉由冥想或運動，去減少生活上的壓力。「壓力會影響生理，」他說。壓力會使我們的腎上腺過度活躍，這種過動會加速老化。

法國女性的季節性絕招

在遭受陽光極度曝曬之前，譬如去海邊或是滑雪度假的前一個月，醫師和藥劑師們建議服用所謂的「防曬藥」

（pre-sun pills），讓肌膚準備好抵禦酷熱的攻擊。由於我實在不明白這個在法國大受歡迎的習慣，只好向專家求教。

這種膠囊含有類胡蘿蔔素，尤其是茄紅素，能加速製造黑色素細胞讓皮膚對曬太陽有所準備，對治療有陽光過敏症狀的患者特別有效，嘉蕾醫師解釋。有些人在陽光下會出現潮紅或浮腫的反應，預先服用防曬藥能幫助增進褪黑激素，形成阻擋太陽幅射的保護屏障。

美國梅約醫學中心（Mayo Clinic）定義日光過敏症為「一種陽光觸發皮膚反應的現象。對多數人而言，日光過敏的癥狀包括被陽光曝曬的皮膚會發癢起紅疹。嚴重的過敏更可能造成蕁麻疹、水泡或其他症狀。」

不過，在購買防曬藥之前，很重要的是要請妳的內科醫師或皮膚科醫師核對確認藥的成分是否純淨天然、無有害添加物。對有膚色的女性，這些膠囊可能增加不平均的深色斑點，稱為肝斑（melasma）。

我們服用的膠囊最主要成分是番茄茄紅素、天然類胡蘿蔔素、硒（噢，妳看，又是硒！）、和維他命 E。

我的朋友蘇菲，四十七歲，擁有如奶油般絲滑白皙的肌膚，也對陽光過敏。她在暑假和冬天放假之前的一個月就開始服藥，即使她沒想過要曬黑。

服用這種膠囊一舉兩得，雙重滿足令人多麼開心自不在話下，保濕皮膚的同時，我們也得到了亮褐的膚色。

它不但協助我們獲得備受羨慕的那種法式古銅色健康肌（bronzage），還在過程中由內到外保護我們。需要多說嗎？這項治療**不代表**可以省略不擦適當的防曬保養品。

這項治療為我太過蒼白的肌膚上了一點顏色。我本來沒想過要曬黑，這個結果讓我好驚喜。

如果妳打算作填充術，打肉毒桿菌，或比較激烈的介入，不要忘記在療程前一個星期和後一個星期服用蒙大拿山金車（Arnica montana）來減輕後遺症，例如瘀腫。我在自己家的車道前，面朝下跌倒的時候，我的藥劑師朋友克莉斯汀立刻拿給我吃。早知道會發生這個嚴重的意外，我會提前預防。

這種順勢療法的藥物劑量，一般是一次五小顆，一天服用三次。山金車系出於雛菊家族，好幾世紀以來，先是用於緩和消化不良，後來也用在幫助消除瘀腫。

小投資，大回報

「少花錢，多投資」是每位法國熟女的座右銘，適用於生活的每個層面。法國女性很節儉，不浪費時間也不浪費金錢。

我訪談過的醫師們（治療過皇族公主、伯爵夫人、電

影明星、作家、電視名角，以及要投資自己未來的法國熟女）告訴我，她們很喜愛專為嬰兒設計的純淨保養品。

榭荷醫師（Marie Serre）是法國數一數二的皮膚科醫師，她有一次大方的帶我去看她的浴室裡，那些她愛不釋手的保養聖品。在臉部清潔方面，她是貝德瑪嬰兒潔膚水（Bioderma ABCDerm H2O Solution Micellaire）的老主顧。這產品是 1 公升裝的透明塑膠噴頭瓶，在摩諾皮瑞（Monoprix）連鎖賣場或任何藥房只要十歐元。嬰兒專用、味道很淡、有效、不刺激皮膚、無需沖洗。妳應該想像得到，它現在也很得意地在我的浴室有了一席之地，用來卸妝有驚人的功效。

「我每天都用，持續好多年了。」榭荷醫師說。

跟我一樣，她總是在洗完臉後，擦晚間保養品之前，為她的臉再噴最後一次活泉水。（一大罐的水可以用上好幾個月。）

法國活泉水，其實就是溫泉水，是無刺激性的。一方面是因為含鈣成分低，而且幫助「修復」肌膚（嘉蕾醫師說的），又可以當消炎藥。夏天時我會放一瓶在冰箱裡，我的包包裡面還有攜帶用的小瓶裝，氣溫上升時可以派上用場。

榭荷醫師甚至給我看她最愛的蓮花（Lotus）牌化妝棉──也是設計給嬰兒用的，最長的棉片尺寸是 11×9 公

分，富含蘆薈葉汁，可雙面使用。「首先，妳用貝德瑪噴濕這張方塊，」榭荷醫師解釋。「然後溫柔地清潔妳的臉。接著，換另一面重新開始。等妳的化妝棉變乾淨，妳的臉也乾淨了。」它們是一流的包裝填充物，我經常在寄去美國的禮物當中放個一、兩包這種化妝棉，每個收到的人都想再要。

這不行，那不行，全都不行

我不可能不提這些再明顯不過的事：不能曬太陽，不能抽菸，不能粗魯地擦保養品。少喝酒，每晚睡前**徹底清潔**。沒有人會累到沒辦法花六十秒，或更短的時間來卸除白天累積的汙垢。這些妳都知道，現在，我們要來個快速複習！嘉蕾醫師列舉兩項她認為最最糟糕的毛病：「不恰當的、過度刺激的、令皮膚乾燥的保養品，以及紫外線沙龍。」她憂慮地表示很意外居然還有女人沒搞懂其中的危害。

妳也許以為法國女性多數都抽菸，但我的經驗裡卻很少遇到（或看到）法國熟女抽菸。（遺憾地，倒是有為數驚人的青少女和雙十年華的女性抽菸，要是她們聽媽媽的話就好了。）我向我家的內科醫師求證這個觀察，他說他的

病人裡，四十五歲到五十歲之間的女性正在戒除菸癮的人數破紀錄地高。

弗卡得醫師是個前「輕度癮君子」，她告訴我飲酒對她來說是交際應酬，但她並沒有天天喝。「我知道有關紅酒的研究調查和療效價值，但我更知道，假如我只在吃飯時偶而喝一、兩杯我會感覺比較好。研究有顯示酒精令肌膚老化，而且增加卡路里。」

嘉蕾醫師的看法一致。「偶而來杯香檳，何樂而不為？我們一定要為了高興偶而破例，不過天天喝酒對我們的臉並非好事。倒是葡萄汁有抗氧化劑，而且不含酒精。」如果妳擔心牙齒被染色，可以選擇白葡萄汁。

住在法國這麼多年，除了葡萄酒和香檳之外，我從沒見過任何年紀的法國女性喝雞尾酒或任何其他酒精類飲料。我的朋友裡只有一個抽菸，她承認她把香菸當成食慾抑制劑，還有，很可惜，她大半輩子都是個日光浴迷。從後面看，她那天生傲人的白金色頭髮和緊身牛仔褲，讓人以為她二十五歲。等她轉過身來，好像老了三倍。

有趣的是，她從不碰酒精，連葡萄酒都不喝。她可以擺一杯酒在面前卻一滴也不碰。除了我最要好的一位法國友人之外，我沒見過法國女人在晚宴派對裡喝超過一杯（或許兩杯）的香檳當作開胃酒，以及一或兩小杯的紅酒來佐餐。不過，容我多說一句，那些時候都是特例。我住

法國這麼多年，沒有一次看到法國女人喝酒喝到微醺。

關於酒精的最後忠告：別以為只有睡眠不足才會導致眼睛下面有黑眼圈，酒精也會。不說別的，光是眼睛下有陰影就會讓我們看起來比較老。

法式梳妝的樂趣和好處

我們談了那麼多美容保養，我想，在繼續下去之前，妳應該會想要一個系統化整理，這我很能理解，生活中複雜的事已經夠多了。

每個白天

太陽上山的時候

- 用溫和洗面乳洗臉，用溫水沖乾淨，噴上涼爽的活泉水。
- 油性肌膚過了某個年紀就不太會出現，因此無需使用收斂型的化妝水。

- 「矢車菊花露水」（eau de bleuet）是一種完全天然不含酒精的「水」，很多法國女人在臉部清潔之後使用，有助於收斂毛孔。
- 「玫瑰花露水」（eau de rose）是另一種神祕的法國花露水，它帶給肌膚一層淡淡的光澤，而且味道好聞地不得了。
- 將裝著「矢車菊花露水」和「玫瑰花露水」的深藍色瓶子放在浴室裡很賞心悅目。（想想看，可能瑪麗皇后和龐巴度侯爵夫人都用過呢。）
- 擦日霜。最近，在嘉蕾醫師的吩咐之下，我換了一種具有高效玻尿酸配方的日霜。

注意：玻尿酸是一種在我們肌膚內天然形成的分子，負責維持肌膚緊實度，讓肌膚不流失水分，可經由針筒注射來填充我們臉上肌膚的凹陷。一旦接觸到空氣，滲入的滋潤度就會打折。玻尿酸分子太大無法藉外擦方式滲入皮膚表層，不過，它可以輔助其他保養品穿透，例如維他命 A 與 C。它具有超級強效保濕特性，有助於「再輾平」（法國人說的）鬆垮的表皮肌膚。理想的玻尿酸保養品應該也含有視黃醇，多位專家同意它有助於促進膠原蛋白生成和肌膚彈性。

+ 不想讓生活太複雜，妳至少要確認用的日霜含有
  適當防曬係數。
+ 除非置身於海島或山頂，否則防曬係數最低要介
  於 15~20。嘉蕾醫師用圖表說明了防曬係數零和
  防曬係數 15~20 兩者之間極大的差異，以及相對
  上，係數 20 和係數 50 之間反而差異較小。
+ 絕對不能什麼都不擦。

注意：美國黑色素瘤基金會（The American Melanoma
Foundation）和美國皮膚醫學學會（American Academy of
Dermatology）建議防曬係數最起碼是 30，戶外活動時更要
求係數要到 50 才夠。

+ 關於要不要擦眼霜，我問了四位朋友：瑪麗克勞
  德、克蘿汀娜、瑪麗安和姐妮，她們都說對乳霜
  很講究，但從沒用過特定的眼睛保養品。我的皮
  膚科醫師和她那位超級迷人的四十三歲助理告訴
  我，她們從不用眼霜。看到沒？又省了一筆錢。

每個夜晚

太陽下山的時候

- 晚上到了，仔細地、輕柔地卸除臉上所有化妝品。清洗乾淨之後，再度噴上活泉水。有些自來水硬度特別高，含有高濃度的鈣，硬質的水容易令皮膚乾燥。

- 妳要用卸除眼妝的產品？不見得。我的薇姿三合一淨膚泥——琇珂女士推薦的，和我交替使用的貝德瑪嬰兒潔膚水——榭荷醫師的最愛，是連防水睫毛膏都能卸除乾淨的最佳聖品。後者更是無須沖洗（micellaire）的保養品。

注意：這兩種潔膚產品在藥房都買得到，能用好幾個月，只需花幾塊錢歐元。

- 接著要擦維他命 C 精華液——等兩分鐘讓它吸收，然後用晚霜鎖住。整個過程只需三、四分鐘。效果很明顯。精華液＋乳霜的組合並非絕對需要，但一定是好主意。

✤ 雖然維他命 C 精華液可以刺激膠原蛋白增生，它
　並不保濕，所以如果妳屬於乾性膚質，晚霜是極
　佳的輔助。

✤ 如果妳想省略步驟，可以直接擦適合妳的抗老晚
　霜。記住，肌膚就是要保濕、保濕、保濕。既然
　徹底清潔乾淨的肌膚已經預備好要吸收防止老化
　的保養品，這時就應該用視黃醇和含有保濕成分
　的乳霜，例如甘油來加強保養了。

✤ 記住，我們的體溫在睡眠時會稍微上升，更能促
　進乳霜和精華液的深度吸收。

✤ 最後，奢侈地抹上大量身體乳霜。

每週一次

「Gommage（去角質）」！去除死皮還給我們一臉潔
淨無瑕，如玫瑰般紅潤的肌膚。（我喜歡 Gommage 這個法
文字，意思是「擦掉」。）

✤ 直到最近我都以為去角質理所當然就會卸除化妝
　品，其實不然，也不是重點。伊蘿蒂是一位美容

師及巴黎外郊一家時尚美容中心的老闆,她指出:「沒有先卸妝就做臉部去角質和穿著衣服洗澡是一樣的意思。」

- 輕微的嘴唇龜裂也可以用去角質來改善。

- 去角質之後要使用適當並且絕對溫和的保濕面膜。如果妳屬於特別油性的膚質(這很少見),可以向皮膚科醫師詢問適合妳膚質的面膜,另外也可以去完角質後擦上妳最喜歡的乳霜。

- 芯斯特(Dominique Rist)是克蘭詩(Clarins)醫療發展與訓練的全球總監,她說:「肌膚只聽得懂輕聲細語。」

- 只要我們選擇的保養品,其成分確定對我們的膚況有益,其餘的就是個人喜好了。我們可能因為質地、香氣、體驗而比較喜歡某一種保養品。

- 另一個祕訣:如果妳每週一或兩次,將保濕面膜當晚霜擦在臉上過夜,醒來時會發現自己變漂亮了。我試過,是真的。

- 好的保濕面膜並不黏膩。等妳找到最喜歡的面膜,在妳躺到枕頭上(自然是套著清潔乾淨的枕頭套)之前,先等待十五到二十分鐘,妳會看到美妙的功效。

趁早開始！

專家建議女孩們應該從十二歲起，享受正確的臉部清潔。清爽不刺激的潔膚液在那個年紀最能帶來樂趣，而這一類的保養品很多。用它來取代乏味的洗面皂和清水是「大女孩」踏進美容世界的入門款。因此，照理來說，這嶄新愉快的體驗會帶來一生循規蹈矩保養肌膚的好習慣。如果妳家有女初長成，現在正是時候介入，帶領她們認識保養品，並且享受用保養品的樂趣。我的藥劑師克莉斯汀還提到，在轉換為似乎比較「成熟」的保養品之前，女孩們還可以選擇一種非皂性潔顏皂，很多品牌保養品的目錄裡都有這類產品──總之就是想盡辦法要女生這輩子一直回來用他們的產品。

如果有粉刺問題，藥劑師可以解決。如果問題一直沒解決，就得看皮膚科。法國女性的心理是：照護和保養優先，化妝其次。

關門分享的錦囊妙計（專家也認同）

我真的很享受我的梳妝流程，我在美容課表裡還弄了一個高科技的花招，這個嘛，我得說，絕對值回票價。去

年生日，我給自己買了科萊麗音波潔顏刷（Clarisonic）當作禮物。通常我隔晚使用一次，我深信肌膚對後續的精華液和乳霜吸收得比以往更好，因為我已經準備好一片淨土了，可以這麼說。

我的科萊麗音波潔顏刷為我溫柔地（當然）清除每日累積的塵垢，比任何手動清潔更有效。它鬆開髒汙迅速撢落油垢。它的刷頭以每秒震動三百下的次數，徹底洗淨比光靠手動清潔六倍的彩妝及兩倍的油垢。（一位美國友人對她的音波刷愛不釋手，她說：「我死也不放。」）

有些皮膚科醫師，還有蕊斯特，反對這項產品，認為它的設計太粗糙，有可能會破壞嬌弱的微血管組織，有些風險。因此，有一次回診時我帶著去找嘉蕾醫師。她看了覺得很棒，然而提醒我使用時不要施壓，並使用最纖細柔軟的刷頭。

我的臉感覺非常、非常乾淨，紅潤透亮，告訴妳，使用科萊麗音波潔顏刷做深層清潔之後，配合擦上我的保養品愛將，更見差別可觀的功效。

我屬於敏感性肌膚，最近首次出現了潮紅。琇珂夫人建議我每週兩次做爐甘石（calamine）凝膠保養，之前我不知道有這種東西。我記得十歲時有一次走過我家旁邊樹林裡一片毒長春藤（並掛彩），因此被塗了爐甘石乳液來治療，之後再也沒用過了。

　　琇珂夫人說這可以安撫我的肌膚、幫助消炎，要我將它當作面膜使用，敷十五分鐘，沖洗乾淨之後噴活泉水。我照做了。（寫到這裡想必妳也看得出來，幾乎每件事我都願意嘗試。）有用嗎？難說，感覺能鎮靜安撫皮膚，但箇中道理不詳。

　　最後，我自己提的美容建議。我不能說這是個「小訣竅」，因為我向美容師們提出時，他們好像要昏倒了。不過醫師們倒是說：「有何不可？」

　　每週一次我放自己可憐的肌膚一馬。我照往常清潔，在幾個重點區域輕拍上一點維 A 酸，確定枕頭套換過了，然後就睡覺。我讓皮膚呼吸。醫學專家接受，即使這點子不算厲害，但也不壞，我個人倒覺得這點子挺不錯。我問幾位法國女友她們怎麼看我的「祕訣」，她們都說很喜歡，不過理由和我不太一樣。因為其實當她們累到只有精力把臉洗乾淨的時候，多多少少都會這麼做。

　　鐵錚錚的事實：當妳看到某個乳霜廣告保證幫助修復並且明顯拉提小 V 臉（就是那塊放棄對抗地心引力的下巴）那是謊話。這個狀況有三個解決方案：高領套頭毛衣、巧妙的圍巾打法，還有，很遺憾，最有效的——整型。別傷心，誰說人生是公平的？

緊急應變措施

1) 香檳喝太多？「矢車菊花露水」是解藥。平常準備幾片可以恰好覆蓋住眼睛的卸妝棉，將它們浸泡在矢車菊花露水裡，然後放進冰箱冷凍室。當眼睛浮腫疲憊時，拿兩片出來，先在空氣中甩一甩才不會太冰，放在眼睛上，躺下，躺個三到五分鐘。妳儘管相信我，這是個自製迷你奇蹟。

   接下來是這解藥最痛苦的部分，洗一個冷冰冰的冷水澡。即使只沖個一分鐘，都能讓妳體會到，當妳覺得不好玩的時候時間過得有多慢。我自己覺得這比較像是在懲罰我們玩得太過頭了。

2) 兩眼浮腫（無論什麼原因）？我的朋友艾莉絲教的，她對任何狀況都有解救辦法（有些步驟妳大概不陌生，不過，我打包票妳沒注意最後的小細節）：將兩只洋甘菊茶包浸泡在沸水裡，拿出茶包，分別用兩片化妝棉像三明治般夾住。在空氣中揮幾下等它冷卻到舒適的溫度。躺下，將這兩組茶包棉覆蓋住眼睛，放鬆休息一直到它們變涼。下一步，用紗布包裹一顆冰塊，順著眼睛輪廓繞——緩慢地、溫柔地，一個方向繞五次，換方向再繞五次。

3) 好舒服的抗壓絕招：用約 2 公升的沸水煮兩大把的洋甘菊花（保健食品店買得到）。讓它煮個十分鐘，接著浸泡三十分鐘。撈出花瓣將整桶水倒進浴缸加入洗澡水，泡澡十五分鐘。同時喝一杯綠茶或洋甘菊茶更增添樂趣。

4) 清爽舒適的提神良藥。將妳的玫瑰花露水倒進小製冰盒製成冰塊，用紗布包裹幾顆冰塊，來回繞擦臉部和頸部，這種感覺令人愉悅，可以幫助緊緻毛孔。或是，用溫柔的輕拍手勢來回這樣做，有助於「安定」彩妝。

5) 救命啊，細紋。有時臉部需要美容大砲的時候，我用的是活膚 C 瞬間無痕精華液（Flavo-C Flash）。它的配方裡有蛋白質合成物，能夠迅速乾燥並形成一層具有彈性（這樣妳才可以聊天，甚至微笑）卻看不見的凝膠狀薄膜，達到立即緊實柔滑的效果。可惜，這裡面有一隻灰姑娘的玻璃鞋，這個魔法只能維持五到六個小時，但是它發揮功效的時候真的非常有用。我看起來精神好氣色佳，微小細紋似乎更小了。眼睛四周我也會擦。不過一定要記得在馬車變回南瓜之前離開現場。

6) 噁心！粉刺。要對付成人青春痘，克莉斯汀建議薇姿（Vichy）的皮脂平衡調理系列（Normaderm）或黎可詩（Nuxe）的芳療雅緻系列（Aroma Perfection）。兩者她都使用過也都推薦給她的病人。這些產品我沒有親自為讀者測試，因為幸運的我從來沒有遭受過嚴重的痘痘問題，偶而有粉刺出現的時候，我就塗上一層厚厚的維 A 酸，通常不用兩天就消失了。

綠茶或洋甘菊茶
有助於放鬆
及釋放壓力

身體也要美

　　美容保養並非止於頸部以上。法國女性用和她們照顧臉一樣的嚴謹和紀律來保持身體肌膚柔軟細嫩，絕大部分乾淨無毛，並且芬芳宜人。

　　對她們而言，去角質和每日保濕是珍貴的黃金程序。妳當然也可以將臉部去角質產品用在身體上，可是在下我，以及專家們，偏好在身上使用比較厚重的保養品。若身體可以接受，效果會大幅度提高。

　　寫在這書裡的「調查報告」，其眾多優勢之一是這些美容療程都是我詳加檢驗過的第一手經歷。全身去角質感覺好像被剝了一層皮上天堂，世界大同的話我會將這件事放進我的每月執行計畫表。

　　如果妳想自己動手做身體去角質，一位美容師建議可以用甜杏仁油混合微量的細緻海鹽，如果妳認為鹽太刺激，糖也同樣有用。首先將一大匙的鹽（或糖）和油混調均勻，這時法國人很愛依個人喜好這裡加一點這個、那裡加一些那個，享受調製祕方的過程。不過，我建議直接用臉部去角質的產品裡加些鹽就好，洗澡時踩著又滑又膩的油很有可能會摔斷脖子，而且這種油沾在任何表面上都很難處理乾淨，身體也是。無論妳最後用哪一種配方，將這些水晶體抹在身上時，要額外花時間搓手肘、膝蓋和腳

跟。有時我會用檸檬汁和小蘇打混合做成泥，在淋浴時用煮沸過的去角質沐浴手套在手肘處按摩後再沖掉。

如果妳忙得不可開交沒時間這樣一步步處理脫落的角質層，可以將身體乳霜塗在煮沸過的沐浴手套上，做一回輕量級的去角質，接著淋浴完後再擦保濕。我的朋友安和歐荷經常這麼做。

日常身體保濕產品裡的必要成分應該要含有尿素，因為尿素可以促進深層保濕，並能創造保護膜為肌膚封存水分。尿素是另一個肌膚內天然存在的微小顆粒，能夠鎖住表皮膚層的水分子。保養品裡若含有 10% 或更多的尿素，可以去除因乾燥而脫落成一片片的皮膚，維持表面光滑有彈性，減輕乾燥引起的肌膚發癢。「用了之後，就可以從此跟鱷魚鱗片說拜拜。」嘉蕾醫師說，同時給我看她的手臂以茲證明。

嘉蕾醫師建議乳霜中的尿素濃度應該要介於 5% 和 10% 之間，視膚況而定。再強調一次，手肘、膝蓋、腳跟都要擦，越厚越好，雙手不時也需要。如果妳期望有魅力，這些乳液和乳霜沒辦法給妳，不過如果妳只是要光滑肌膚，就開始擦吧。

對那些關注自己全身肌膚的女人，以上的美容功課勉強算最低要求。假設我們對頸部以下足部以上有點「放任」（我完全沒想到要說「懶惰」），別擔心，幾枚重

量級美容大砲就可以搞定。

富含油脂的按摩油，例如乳油木果油或摩洛哥堅果油，也有乳狀的，可以彌補我們美容功課上的小差池。兩者都很純淨，並且富含維他命，可以用來做頭髮的深層滋潤，也可以按摩手指的指緣皮，當然，還可以敷在肌膚乾燥處反覆按揉直到完全被吸收。

我建議，美容師也附議，我們可以定期穿上一層油再睡覺，做一個深度加強的熟睡（post-pajama）冬日保養。家裡某個角落一定還留著妳的舊運動褲和 T 恤，記得穿襪子。還有，千萬別穿這一身走出妳在家裡的私人空間，這個還要講嗎？別讓朋友或家人看到妳穿成這樣，法國女人絕對有辦法避開的。

妳可以在臉上擦保濕面膜過夜的同一天晚上做這件事。另外，如果妳想做得完全徹底，手也要包括進去，要戴手套（一定要）。還有一樣，頭髮那一章裡我將提到的——護髮膜。

我希望，妳的真命天子能夠了解完成這項任務之後，妳會變得有多漂亮。妳可以說這完全是為了他——法國女人就會這麼說，這樣人生簡單多了。不然，睡到客房去，就說妳感冒了，不想傳染給他。

我詢問法國朋友及熟人的時候發現，的確沒有例外，每個女人的彈藥庫裡都有一瓶摩洛哥堅果油。她們用在臉

上、腿上、手肘、任何地方。另一樣最愛是甜杏仁油，有些人用來卸除眼妝，或當作一個簡單、舒服、無添加的保濕。我沒興趣用油來卸妝，尤其在眼睛四周，因為有時就算只是用在手上，還是不小心會讓一些滲入眼睛。那樣不只是會痛，還會令眼睛腫腫的。

　　巴黎有些美容中心現在正推出的一種新療法：用溫熱的香氛蜜蠟蠟燭做深層保濕。在柏納科絲兒美容中心他們附上方便溶液回流的噴頭容器一起販售。妳點上蠟燭，沉浸於舒緩心情的香氣之中。吹熄蠟燭，待蠟從危險的高熱冷卻到溫熱之後，將其塗抹在腿上如同擦乳霜，按摩使其滲透乾燥脫皮的肌膚。我曾在紐約體驗過這種彷彿天堂般的手足護理，但從未塗抹在小腿和手臂，或按摩揉入肌膚。儘管在專業人員手裡整個過程有如神仙般享受，我卻絕不會在家裡嘗試，我怕會引起大災難。姍卓茵是熟識，她說她會從巴黎的一端走到另一端就為了去做這個療程。（通常她會開車。她就愛誇大其辭。）

難纏的橘皮

　　有件事我們就直接說了吧。用燃脂保養品對付橘皮組織極為費事，成效卻難以評估。

偷偷告訴妳，這種東西真要它發揮效用，必須賣力地每天擦一次。想看到實際成果，建議擦兩次。即使是熱愛保養的人，這都算是個有相當負擔的承諾。每一天擦兩次！？就可以獲得比較滑順的肌膚（確切一點是沒有肉眼可見的橘皮組織），比較好的淋巴循環，比較少的水分囤積，以及玫瑰般紅潤的光采。我可以報告，有幾次我使用蕊斯特給我的保養聖品，我依她指示用畫圈圈的方式又掐又捏用力地按摩之後，的確有幾分鐘的時間我的臀部和大腿閃爍著粉紅的光澤，然而，我的一番苦功沒人知情。

我詢問每位熟識，或甚至只偶而在社交圈有點頭之交的法國女性，她們是否每天努力按摩大腿兩次，得到的結論是，沒一個人會這麼做。有幾位說在泳裝季來臨之前，她們每天一次稍微擦一下，但過了八月肯定不會繼續。她們還說根本不知道對身體是否有作用，倒是心理上滿有幫助的。

令人意外的是，弗卡得醫師確實有使用橘皮燃脂霜來擦大腿、臀部和小腹，一天兩次，經年累月。「我不知道有多少釐米的差別，我想沒有，」她承認：「可是按摩有助於循環和代謝總是好事。」我看過她的大腿，沒有一丁點兒的橘皮組織。她五十歲出頭，前幾天我們共享晚餐，她穿一套長度在膝蓋以上的連身洋裝，好美啊。哎，她很漂亮，而且活生生證明了基本上熟女沒有（好吧，幾乎沒

有）一定的標準。她在夏天度假時將腿曬黑，又是一個抗橘皮組織的妙招。

有人告訴我橘皮燃脂霜用在偶而會出現的眼袋也有效。我仍在測試中，但似乎不管用。嘉蕾醫師說這類保養品裡面有兩種成分理論上應該有幫助：咖啡因和聚葡萄糖（Dextran），所謂的「皮膜化妝品」。唯一的問題是眼皮這最細嫩的肌膚對香氣和其他成分可能會有不良反應。聚葡萄糖是一種外來豆科植物的衍生物。

想嘗試要小心，也許根本別試。我沒有過敏，但我並不真心推薦而且也不想繼續試下去。我還是比較喜歡冷藏過的矢車菊花露水。

手透露出女人的千萬事

我有一位住在紐約的朋友，她的手很漂亮。每星期六早晨，她在那種四處都有、所謂一次十美元的手足美甲館做手部保養。她總是擦引人注目的指甲油。等到星期三或星期四，指甲油開始掉漆了，她會隨手拿起棉花棒沾卸甲油整理乾淨嗎？不，她不會。她好像不在乎，但大致上她還算體面。

注意：打扮時只要一個不小心，天生特質立刻全軍覆

沒。這個定律從頭到腳都適用。

保持整齊乾淨漂亮的雙手其實不怎麼費事，會花掉比較多時間和精神的是研究最近流行的指甲油顏色。若妳喜歡最新的色調，儘管大肆地塗，但指甲油一出現剝落掉色，除非能修補，否則一定要馬上擦掉。

我從沒見過哪個法國女人的手指或腳趾有指甲油剝落的現象。

接下來要教的是正統的法式指甲作法。首先，將指尖浸泡在混合一顆檸檬汁加四大匙過氧化氫（hydrogen peroxide）的溫水裡。用棉花包裹一支橙木棒，蘸一下混合液，刷擦指甲下方，這就是徹底的拋光潤飾。同時，將已經被浸泡軟化的指緣皮推向根部。添加檸檬汁是伊蘿蒂給的主意，我倒是沒聽過。接下來，用白心指甲筆擦塗指尖下部，完成。最後擦上很薄、很淺（絕不能太深）的裸色或很淡、很淡的粉紅指甲油，妳便擁有了大部分法國熟女都自己做的簡易手部保養。

我從法國友人及專業人士身上學到的功課，最寶貴的還有一項，就是很多特定單一用途的美容保養品其實可以有多重用途。例如臉部去角質產品，用在手部去除死皮令肌膚飽滿有驚人的效果。去角質之後，用保濕面膜補給深層水份滋潤，雙手立刻變年輕了。

我們假設妳對呵護修整妳的手很積極，但妳沒忘記什

麼吧？有沒有每天認真擦含有足夠防曬係數的保養品？不認真的話幾年後妳會付出代價，特別是如果妳跟我一樣開車時間長又久，經常讓窗外陽光流瀉照在我們的手上。冬天要戴手套，夏天要做大量防曬。

那些妳知道的斑斑點點

妳要有心理準備，美白乳霜對那些「歲月斑」一點兒用也沒有。我能以自己的經驗證明，加上克莉斯汀、席班博士、嘉蕾醫師、弗卡得醫師和賽荷醫師等的背書。噢，是的，我試過了，我花錢妳才能省錢。

如果「褐色斑」讓妳很困擾（妳看，我千方百計不說「老人斑」）而且妳覺得自己因此顯老，有兩個解決辦法：花錢多的——雷射，花錢少的——液態氮療法（liquid nitrogen）。

我的好夥伴芙蘭索瓦茲三月底的時候，就用了液態氮療法保養她的手部和臉部。這個療程皮膚科醫師一般只在十月到三月之間進行，因為侵入治療過後，肌膚對陽光的刺激會特別敏感。

這個療程可以「燒」掉褐色斑，芙蘭索瓦茲告訴我絲毫不痛而且效果令人側目。她的皮膚科醫師為她開了特別

的防曬處方，她還戴上無指手套，這是她平常就會戴的，三個星期會小痂皮就會痊癒。她脫下手套給我看時，我看到的是有如新生兒般完美的肌膚，好像變魔術。嘉蕾醫師永遠走在所有最新美容療程的尖端，她先為病人做液化氮治療，如果效果不好，則請病人去找同行一位雷射專家。她說超過 90% 的機率靠乾冰就能達到目地，而且花費和雷射比起來是小巫見大巫。

液態氮療法，比較出名的說法是液態氮冷凍療法或液態氮冷凍手術，據我的朋友說，是「稍微不愉快的」。我做過之後發現的確是那種感覺，稍微不愉快。

噢，對了，在一切樂趣來臨之前要先局部麻醉。

如果不認真擦防曬，剛長出來、新的斑點會重新出現取代舊的，請別忘了老化是不斷進行的。

席班博士願意為我做雷射治療。治療時，雷射產生的一道強光束，藉著裝在雷射儀器上像筆一般的精巧裝置，將能量在特定的點上移動。這道光束被氧基紅血球素（oxyhemoglobin，也就是攜氧的紅血球）吸收之後，斑點會被能量產生的熱作用破壞，留下健康的細胞。

席班博士的醫療技師在手術前為我的雙手擦上麻醉乳膏。我躺在一張感覺放鬆舒適的躺椅裡，她給我戴上護目鏡保護眼睛。直到此刻，世界依然美好。我被告知可能會「稍有不適」，但一點也不會痛。跟人生許多遭遇一樣，

痛的門檻變化很寬，或許應該說忍受力會變來變去？療程
開始之後，我覺得像被人用很粗很厚的橡皮筋不停地彈在
身上。整個療程大約三十分鐘，但感覺有如三十年。然而
我必須承認，最終結果好極了。兩個星期後痂皮脫落，成
效顯而易見。

乾淨俐落的腳

　　在美國，典型的足部保養是稍微按摩和馬馬虎虎塗上
指甲油，但法國人玩的是一套稱為足部醫療的程序。法國
資深美女將此視為美容養生不可或缺的要件，多年來也變
成我的一部分了。

　　在持有國家執照的專家手裡，使用新潮新穎的儀器做
完這套程序之後，我那被忽視的一雙腳美麗得如此無懈可
擊，連我自己都看得目不轉睛。美甲師亞歷山大照我的要
求將腳指甲剪到滿意的形狀；溫柔地挖除死皮、老繭，以
及正冒出來的討厭雞眼（用剛才提到的新潮、消毒過的工
具）；清潔每片趾甲四周；將指緣皮推高，然後用一個迷
你磨甲砂紙轉碟磨平拋光每片趾甲表面，它們變得又亮又
光滑；最後！壓軸來了！他用一瓶富含油脂的足部乳霜為
我的雙腳按摩，我發出陣陣呻吟。我每次都特別鄭重告訴

他我多麼享受最後這段高潮，通常他會因此多按摩個幾分鐘，並提醒我每天晚上都要擦足部乳霜。我都說好，但我其實只有想到時才擦。

在法國，足部醫療比「足部美容」（beauté des pieds）便宜也更令人滿意。回到家持續保養的話（稍後詳述），這個投資可以夠本好幾個月。只要妳勤勞，一年做四次就絕對足夠。要是妳有計畫去法國，我建議妳預約。通常費用是二十五到三十歐元。

說真格的，我可能常因懶惰就疏忽了足部保養，美容師說這很正常。巴絲卡蕾那套讓腳重見光采的家常療法著實舒適愉快：一開始先為兩隻腳做溫熱足浴，放一把海鹽，和一顆會冒泡的阿斯匹靈。阿斯匹靈含有水楊酸（salicylic acid），是一種幫助角質脫落的化學物質（beta hydroxyl acid，β-氫氧酸），而且水裡起泡泡有一種熱鬧的感覺。

浸泡，閱讀，想像，放空。將腳移出水浴，用身體去角質產品磨擦已經軟化的死皮；如果妳覺得細浮石用起來自在，接下來的步驟是用它磨老繭。最後，塗上厚厚一層乳木果油或摩洛哥堅果油，穿上乾淨的白襪子，然後睡覺。

妳一定在想，聽起來又多了一件例行工作，我說對了吧？別煩惱，這個療法迅速奏效，妳的勤勞成果會讓妳滿意到忘記為了讓腳「很好摸」而辛苦的那幾分鐘。

以上提到的做完之後，終於來到了塗漂亮趾甲油的部分。擦趾甲油是另一件每一天、一整年令我心情愉快的小細節，沒有比一起床就看見自己一雙美妙的腳更開心的了。有些法國女人冬天不塗趾甲油，做足部醫療維護一雙整齊清潔的腳，她們就很滿意了。

如果妳認為自己沒有時間像法國女性那樣縱情於呵護保養身體肌膚，問問妳自己這些問題：**我要不要擁有從頭到腳都美麗的肌膚？我是否渴望看起來漂亮，甚至比實際年齡還年輕一些？我打扮地光鮮亮麗的時候是不是自我感覺好一點？**

這個嘛，當然啊，誰不是這樣呢？我們對自己感覺舒服，就會有力量，也會有自信。說實話，有什麼比自信加持的美麗外表更誘人？所以，拜託妳，我保證只要妳想找時間，就會有時間。這裡幾分鐘，那裡幾分鐘——一個月就能建立一連串讓妳身心舒暢的習慣。法國女人和我們一樣都很忙，不過，天天開門七件事，我們女人一定要懂得找出優先順序。

女人心機
Le Maquillage

簡單就是美的妝容

我從沒遇過任何法國女性夢想要變成別人，頂多有人夢想長高一點，或者特別小心防曬。就我遇過的法國女人而言，都不覺得有必要改變自己。她們比較希望無論在任何年齡都保持最佳狀態，僅此而已。

寫這一章為我帶來夢寐以求的機會，讓享譽國際的法國造型化妝師花好幾個鐘頭向我解釋，如何使用彩妝來達到自然美麗的效果，他們還特別教我如何選擇化妝品和顏色。我深信，專家的建議是一次投資終身獲利，經過這次訪談，這本書也更具說服力。我們不應該一輩子都用同樣的彩妝品，也不該一直用同樣的顏色。我們的膚質會改

變，大多數保養品也會隨著改變，因此，每隔一陣子就重新挑選彩妝用品是有必要的。市場上有很多產品是為了增添熟女的吸引力而特別設計的，譬如具備光線折射效果的粉底。

天生自然心機妝

法國女性將「naturel（天然）」奉為圭臬。她們的頭髮、皮膚、化妝、身材、裝扮、舉止和自信都要看起來很「naturel」，很有個人風格，同時她們還奢望人們相信達到這些目的毫不費工夫，而那又是另外一個境界了。

嬌蘭（Guerlain）全球彩妝創意總監伊修德美崴（Olivier Echaudemaison），對這句座右銘很有同感：「法國女人明白每個人都是獨特的。她明白也喜歡這個事實，她沒有慾望變成任何其他人，沒有想去模仿的偶像。當她試著魅惑別人時，很清楚男人對明顯的狡計是不容易上當的。」

「狡計」（artifice）這個概念很有意思。它的英、法文拼法和定義完全相同：一個特技或計謀，別出心裁，創造發明，手藝精巧，不做作的美。我們可以理所當然地假設手藝精巧和不做作的美裡面必然包含了心機，比如幾乎

看不出來的妝容，法國女人會認為那只是幫天生資源小小加分，如此而已。

「心機妝」無疑是法國現今所普遍推崇的，不過並非一向如此，有一段時期，誇張的妝容象徵一個人在宮廷內外的身分地位。

路易十五當政的十八世紀，女人臉頰要擦很濃的胭脂。藝妓們擦很濃厚鮮豔的紅色（大家快來看我），而中產階級選擇明亮的深紅，女人甚至擦著胭脂睡覺。肌膚的標準色是雪白。一直到十九世紀初，這些用來達到理想膚色的化妝品都是有毒的，因為成分裡往往含鉛、水銀和砒霜。

十八世紀的凡爾賽宮廷，貴族女性的膚色只能用「慘白」來形容，加上玫瑰紅的雙頰及朱紅色的雙唇。為了引人注目，她們貼上「les mouches（直譯是蒼蠅）」——一種用塔夫綢剪出像星星或新月之類的圖案。通常這種符號在臉上的特定位置表示不同訊息——例如在眼角，表示「很想調情」（或甚至是慾火焚身）。「Les mouches」也可以用來掩飾疤痕。

這些趣味的演進，著實叫人目瞪口呆。自開天闢地以來，或者，如法國人所說，「早在世界形成之前」，女人便不斷尋找各種方法提升她們容貌，從磨碎小昆蟲做胭脂，到榨野莓汁塗臉頰和雙唇變成猩紅色。很久以前我還

讀到女人們曾經風行用剃刀來刮臉皮，只為了露出底下年輕一點、才新生成的皮膚，也比較好吸收那些充滿風險的胭脂粉——看吧，太陽底下真的無新鮮事，只有為達目的不擇手段。今日的化學脫皮法，說來也不過是依賴不同的方法，來達到相同目的。

除毛也是當時女人梳妝打扮必不可缺的一部分。為了擁有平滑的、無毛的肌膚，她們用的脫毛祕方是蝙蝠或青蛙的血，甚至螞蟻的蛋。我曾經想認真研究到底如何使用這些不先進的「產品」，以及它們是否真的管用，但是沒有結果。我姑且假設有用，否則誰會甘願去做如此不愉快的事？

相較於現今，君王統治時期的女性，都希望看起來一個樣子——從雙唇的顏色，到紀念碑式的髮型，還有服裝和配飾。

如今這種想法卻遭現代法國女性鄙視，而且她們絕大部分是透過容光煥發的天然妝容來突顯自身特色。

健康天然的面容，是每位法國熟女希望藉由「心機妝」給人的印象。她製造出來的效果如此巧妙，天衣無縫，別人看到的只是一張可愛、獨特、似乎毫無添加的臉。或者，如克蘭詩的全球藝術培育總監安東尼歐提（Eric Antoniotti）所言：「妳，甚至更美了。」

「每個女人有自己的個性。既然如此，她怎麼會想要

看起來像別人？」安東尼歐提說。「每個法國女人都是原
創。」

　　妳知道了吧，這是另一個我仰慕法國女性的原因。**做
自己是她們唯一想要的。**她們決定怎樣讓自己更好看，感
覺更自在。祕訣很簡單：她們選擇自己愛用的彩妝和保養
品時，很少被品牌所推銷的形象左右。相反地，她們仰賴
皮膚科醫師或藥劑師的建議。她們喜歡有教育性的忠告，
並與朋友興高采烈地分享成功經驗。哪個女人會不喜歡朋
友體驗過且背書的產品？

無懈可擊的畫布

　　很明顯地，想要運用充滿心機的美妝技巧來提升天生
資產，如果「臉」這張畫布不夠無懈可擊的話，所有努力
都將付諸流水。

　　一位頗富盛名的法國彩妝師，巡迴世界各地教導女
性如何運用彩妝，也為電影明星及社交名流化妝，他告訴
我：「我很驚訝出國時遇到有些媽媽鼓勵她們的女兒用遮瑕
商品解決單純的肌膚問題，而不是去找皮膚科醫師。醫師
可以幫助一個女孩建立有自信的人生並且培養好習慣，用
遮掩的方法很負面，好像在說她很醜，彷彿鼓勵她將問題

藏起來，而不是尋求對症下藥的治療。」

　　的確，在母親和祖母的指導之下，法國女孩很小便知道無可挑剔的肌膚是最經得起考驗的美麗祕訣。

　　母親和祖母也許會警告小女孩關於曬太多陽光而不做適當防護的危險，以及抽菸和飲酒過度導致的破壞。然而，多數女孩漫不經心地忽略這些勸告，碧姬芭杜便是其中之一。我們就不在此討論造成遺憾的魯莽行為，此刻是要學習讓我們得到終身回饋的好習慣。

　　我有一位朋友現在還抽菸，她的青春耗費在去聖卓佩（Saint-Tropez）酷熱的日照下曬太陽，她的皮膚的確曬得很漂亮，但她用自己當例子警告女兒，如果不想看起來比實際年齡老很多的話，哪些事情**不該做**。結果，她女兒擦防曬不計成本，也不抽菸，更幾番努力勸母親戒菸。

　　當女人花精力呵護自己的肌膚，它會有所回饋，發出光芒。如果彩妝底下的肌膚不是零缺點，塗再厚的粉牆都無濟於事。

　　沒有一個法國熟女會對自己說：「噢，我希望大家喜歡我今天化的妝。」

　　我真的懷疑會有任何女人懷抱這種期待。巧奪天工的手藝，就該是自然得天衣無縫。誰會希望因為畫了完美的彩妝而得到恭維？頂多是換了新的口紅顏色時，朋友稱讚了一下，我們可能會偷偷高興。

妝畫得太濃，特別是太厚的粉底和遮瑕產品，不但看起來不自然、倒胃口、過時，還會讓一張有歲數的臉顯得更老，因為濃妝會被吃進皺紋和毛細孔裡面。要是法國熟女有擦粉底，我們鐵定看不出來。

法國女性知道時髦的彩妝不是為了隱藏皺紋而創造的，而是為了讓我們看起來神清氣爽身體好。我的朋友及熟識的人，包括我的醫生們，從不煩惱有皺紋。「沒有皺紋很**奇怪**」，某位醫師朋友說。「女人用整型或彩妝企圖遮蓋皺紋很可怕。說真的，我對皺紋沒什麼不好的感覺。」

她剛過五十歲，人長得很搶眼，那張美麗可愛、通常稍稍曬黑的臉上的確有皺紋。我們從她二十幾歲時相識，我覺得今天的她比以前更好看。

法國女人打從心眼裡明白別跟自己的天生樣貌過不去，臉蛋是我們的財富，因此為了保持肌膚完美無瑕、光彩照人，法國女人願意花時間和精力每日按表操課。

化妝的藝術

　　法國女人對天生的容貌很珍惜，因為那張臉蛋直接影響著老去時的魅力。因此，練習如何若有似無的化妝，以維護自己本來的面容是再重要不過的事。年輕女孩也許會想試一些古怪顏色的眼影、閃粉，和藍色唇膏，不過那也只是玩玩而已。身為女人，她們要巧妙地強調和提升自我特色，呈現最佳風格。

　　「我們坦白講，」伊修德美崧說：「法國熟女都會用粉底。我認為粉底和內衣是類似的東西，它們皆為女人帶來安心和信心，為了她而存在，是她的小祕密。」

　　我試著用法國人的思維來想化妝這件事，發現日常梳妝打理真的會改變一個人一生的外觀。我一直很享受化妝的過程，尤其是有社交派對的時候，但穿內衣嘛，只不過是穿衣服之前的動作。現在我卻喜歡抱著非常女人味、非常私密、非常熱情的態度看待這兩個程序。知道自己可以用堅強的意志力戰勝殘酷的現實，是一帖非比尋常的信心促進劑。

　　不知為何，我禁不住被這種法式見解所吸引，她們總是能夠賦予司空見慣的平常事一個積極正面、充滿女人味、享受當下的詮釋。當艾瑞克為我說明如何選擇及運用粉底時，我內心浮現了這個想法。不過這個故事我們稍後

再詳談。

　妳若以為素顏，名符其實就是沒化妝，那可就大錯特錯了。

　　「妝畫得太濃顯得老氣，這是任何女人一生之中都可能會不小心犯下的嚴重失誤。沒化妝，或多或少也帶來同樣後果——沒有顏色，沒有光采，沒有亮點。」這是伊修德美崧對如何拿捏化妝程度的回應。

　　「對法國女性而言，細節就是一切。」伊修德美崧繼續說。「而且她們萬萬不可能承認自己化妝要花很多時間。恭維朋友看起來很美，頂多招來一句『噢，我只是抹了一點提洛可（Terracotta）。』」（提洛可是嬌蘭的明星商品，古銅彩妝粉餅，有多種不同色調配合各種膚色，它可以令我們的肌膚看起來有著剛結束度假一般，神采奕奕的健康色澤。）

　　「法國女人可以一邊小口啜飲著一杯酒同時告訴你她沒在喝，」伊修德美崧說著笑了出來。「而且你會相信！」

　　現在就讓我向妳一一詳述我學到的功課。

粉底

　　每個女人在選購粉底時，都會問的第一個問題是：「怎麼選對顏色？」

　　別用手腕來試色。「靜脈血管浮現的藍色會影響測試結果。」伊修德美崧說。

　　安東尼歐提的建議是用「手掌心」。是嗎？妳得找一、兩個朋友試試看。我在訪談時跟兩位女性一起試過。我們都覺得非常有趣，不過還是覺得哪裡怪怪的。他要我們把手轉過來，手心向上觀察一下，我們當中的兩位有十足紅潤的玫瑰色肌膚，另外一位的肌膚則有幾分像桃色。結果他說，我和那位手掌心也是玫瑰色的女性需要的是以黃色為基底的粉底，另一位比較橙紅色調的女性應該要找的是以玫瑰紅為基底的粉底。「這就叫作色調平衡，用粉底來校正膚色。」安東尼提歐說。

　　黃色帶來光澤而玫瑰顯得清新，兩者都必要，安東尼歐提又說。

　　質地則看個人喜好，我偏好液狀粉底。

　　應該沒有彩妝師會期待人人都用彩妝刷或專業的粉撲來上粉底，為了確定這個想法不是我的美式偏見，我問了多位法國女友她們怎麼擦粉底。「用手指。」她們全都這麼回答。

　　我有興致的時候，會用彩妝刷上粉底，技巧不難，但也不是用得很習慣，妝效則非常令人滿意，自然得幾乎看不出來。粉刷有如羽毛般輕柔，使粉末快速又均勻的密合在臉上。

　　我一向都會用粉底，但不會擦滿整張臉，只有鼻子，額頭一點，眼睛四周，兩頰輕拍幾下。專家說這樣就夠了，過猶不及。太棒了！解決了顏色的難題之後，我又請教了上妝的技巧。

　　他們教我應該這麼做：輕拍、輕拍，輕拍妳想上粉底的地方（不，真的不需要整張臉，誰會那麼做啊？），溫柔地將粉底抹開融入肌膚。然後，訣竅來了：將妳溫暖的雙手放在臉上，輕輕按壓上妝的地方。完成，看起來渾然天成。

　　嘉蕾醫師的作法是，在手掌心噴一點速效仿曬（self-tanning）混合保濕日霜當作粉底。「然後我上一點兒粉。」她說。我可以證實她看起來沒有哪裡需要偽裝，如果有的話，任務圓滿達成。

蜜粉

我不知道你喜不喜歡，但是我自己一直有點怕粉質的化妝品。直到最近，我才開始用腮紅粉、眼影粉，還有偶而也用修容蜜粉。滋養眉粉則不太用，我比較喜歡眉筆。但我從沒用過裸妝蜜粉，儘管這玩意兒讓人心癢癢地，我還是忍住了誘惑。大部分法國熟女都多少會用一點，那是在講求自然感的彩妝中，最大的極限了。

終於，託安東尼歐提的福，我現在知道怎麼用裸妝蜜粉了。首先，他指出發光和發亮之是不一樣的。（其實我知道不同，但不知道要怎麼做才好。）他保證，蜜粉若運用得當，在它覆蓋之下的皮膚會發亮。說完之後，他拿起中型蜜粉刷，交叉劃過粉餅，抖落大部分的粉，輕柔地將刷筆掃過我的前額，往下到我的鼻子，然後幾乎感覺不到地輕彈一下我的下巴。結果我得到了……一張看起來沒上粉的臉。正如同許多法國美妝文章所推崇的效果，而每一個使用蜜粉的法國女人早就會這招了。

和幾乎每位我認識法國女人一樣，我的心也被那些讓我們看起來彷彿被陽光親吻，可稱為人間極品的修容蜜粉（bronzing powder）給勾了去，特別是如果裡面還含有一

點兒某種會發亮的玩意兒。

伊修德美崧為我選擇了適合我的顏色（每一種膚色都有配合它的最佳色調），他拿起一支大刷筆，輕柔地拂過我的前額，抹過我的鼻子，落在我的面頰，落在我的下巴，掃入我的下頷。我想他那最後一掃是要給我一個瞬提美頸的視覺特效。希望有效。

要從億萬種（不誇張）色調和明亮度的層次變化裡挑顏色，我建議去找專家。修容蜜粉不是可以憑直覺買的。兩年前我自己去買過，成功地創作了一張我想應該不會有人想得到的妝容——髒兮兮的臉。我自以為擦得很有技巧，但結果很滑稽，更別說花費昂貴。

我們現在學了粉底和蜜粉，還不能太快下課，接下來的步驟，是個人化細節的塑造：睫毛膏，眼線筆，唇膏，以及很可能需要的，一抹腮紅。

修容蜜粉

一張被陽光吻過的臉令眾多法國女性垂涎不已，無論是靠彩妝，或是用正確防曬而曬出來的。它讓人聯想

到假期，熱帶島嶼，滑雪勝地，聖卓佩，還有布列塔尼（Brittany）。

不過在以前，有名望的女人可是對太陽避之唯恐不及。因為那時，曬得黑巴巴的皮膚暗示著這個女人是個鄉下種田的農婦；像鬼一樣慘白的臉，才能代表她是個閒閒沒事的貴婦。太陽王路易十四在位期間，宮廷裡的女人不得不一起參加散步活動的時候，她們就戴上面罩保護臉不被太陽曬，而且這種面罩是靠牙齒咬住才能固定在臉上的。（這個古怪的習俗其實有兩個好處：確保女士們的肌膚維持白瓷般的顏色，也免了她們參與令人疲勞的機智問答。）

直至二十世紀初，曬成棕色的皮膚才開始被賦予了大異於以往的象徵：陽光和煦的假期，健康的身體，自然的美。

我現在終於知道怎麼正確的使用修容蜜粉了，和甚至如何選擇深色一點的粉底來讓自己看起來像曬了一點太陽。和法國女人一樣，這些在伊修德美崧沒為我選好顏色，沒教我如何使用之前，我可是完全沒有勇氣嘗試的。

眼睛

說起來，睫毛膏、梳理分明的眉型、以及有暈染效果的眼線、眼影之所以進入法國宮廷，都是亨利二世那可怕的義大利妻子凱薩琳‧梅迪西絲（Catherine de Médicis）的功勞。如今二十一世紀的我們，慣例是白天擦一層睫毛膏，晚上擦兩層，擦之前和之後都要梳眼睫毛。

眼睫毛結塊宣告兩件事：妳有擦睫毛膏，不過妳那些漂亮的眼睫毛不是天生的，或者更糟糕的，妳沒戴眼鏡看不清楚有結塊要梳理。

現在馬上來教妳眼線的畫法：先在眼尾畫一顆尾巴微微上揚的逗點，再沿著上睫毛根部（大部分人同意不是畫在下緣），隱隱約約畫一條細細的線。一定要畫逗點，再畫線，逗點才不會厚厚一坨。這招是我剛學的，我只有在晚上才這樣畫。它的確令眼睛上揚，看起來有精神，即使並不明顯。

我的朋友大多數都有畫眼線。很多年前我會畫，後來至少十年沒有畫，現在又重新開始了。

眉毛要認真處理，因為它們能塑造臉型。用立體眉彩筆沿著眉型稍微畫一下，眼睛立刻有精神了。伊修德美

崧說，我們年紀愈大眼睛就會愈接近，因此，我們一定要用眉彩筆在眉頭處點一下，讓眼睛看起來分得比較開。他說如果我們拿十二歲時的照片和現在的照片比一比就會發現了。「點那一下讓眼睛奇蹟似地左右分明。」他說。是的，真的是這樣。

我們許多人還需要另一個步驟：當我們看來疲倦卻沒時間好好化妝時，液態光影棒（liquid wand highlighter）可以製造意想不到的效果。拿著光影棒，沿著眼睛下緣從內眼角輕觸、輕觸、輕觸到外眼角然後輕拍、輕拍、輕拍完成。還有別忘記用睫毛夾，它能將眼睛向上提。我八歲時從媽媽的梳妝檯上第一次發現睫毛夾，它就放在赫蓮娜（Helena Rubinstein）紅色唇膏，以及浪凡光韻（Arpège）淡香精那令人難忘的漂亮瓶子旁邊，從那之後我就一直很愛用。

不管我懇求他多少次，伊修德美崧就是拒絕為我遮住眼睛下面的黑眼圈，又不是沒有產品可以用，我們到底是在嬌蘭的旗艦店裡，但他堅稱黑眼圈很自然。我知道，可是我想遮起來，他一直強調說他很喜歡我的黑眼圈，我卻討厭極了。

據說十九世紀的女性逼自己盡量少睡覺以製造自然的黑眼圈。結果不管用，她們便在眼睛四周畫線，還好那時她們不再往臉上擦那種磨得很細的有毒金屬。取而代之

的是醋和檸檬汁，她們一公升又一公升地喝，讓膚色變蒼白，好對比黝黑、瘦削、充滿疲態的眼睛和神態——看來當時「生病」是件高檔事。

　　搬到法國時我首先聽到的城市傳說之一，是說如果女人有黑眼圈、甚至伴隨令人憎惡的眼袋，就代表她的夜生活多采多姿，妳懂我的意思。

　　然而我堅持，靠著彩妝朋友幫的小忙，女人不但可以在夜晚過得多采多姿，而且還可以在早晨看起來神清氣爽，一點都不衝突。

嘴唇

　　專家們同意，每個女人都需要兩支唇膏，兩支都應該是玫瑰色調。每個女人都可以找到一支，其實是一大束，屬於自己的玫瑰——日間用輕一點、淡一點的色調，夜間用深一點、濃一點的。

　　法國人很喜歡在完全單純的話題或物件裡加上性暗示，後來我了解到，其實多數都只是玩笑話。譬如有一次，我看到法國的美妝雜誌裡有一篇文章在解釋如何找到

完美的口紅顏色，上面寫說，就是我們「稍微咬破」嘴唇時的顏色。這種感官參考，妳信嗎？

　　十八世紀時，一個女人嘴唇的顏色代表她的社會地位。貴族仕女之中，石榴紅最普遍。中產階級愛用清澈的亮紅。紫羅蘭則是預留給聲譽可疑的女人。也許，那時塗上鮮豔的紫羅蘭色有招攬生意的效果，否則，一個女人沒事幹嘛昭告天下自己的貞操有問題呢？

臉頰

　　彩妝的名稱也不斷隨著時間改變，以前我們用「胭脂」，現在用「腮紅」來表示當我們害羞時自然湧上整片臉頰的顏色。

　　乳狀好還是粉狀好？專家說粉狀的腮紅比較好，他們認為粉類化妝品比較好控制，而且收尾後的效果比較薄而輕。然而很多女性，尤其是臉頰有皺紋的（我知，我知），寧可選擇乳狀。

特立獨行的女人們

有些法國女性打破所有藩籬，樹立自己難以抹滅的招牌形象，典型的作法之一就是「血紅唇妝」。我的閨密安和已故的知名室內建築師安倬‧普特曼（Andrée Putman）屬於這一類。另外有些人用墨黑眼線筆畫「羚羊眼妝」（les oeils de biche）。這種選擇性的部分脫軌是風格與性格的延伸，我喜歡這種奇想。

我的朋友安用鮮明暗紅的雙唇和橘紅的頭髮，這種連大地之母的調色盤都沒出現過的顏色，打造了自己的形象。普特曼夫人那強勢的面貌、羊皮般的肌膚、一絲不苟的髮型、以及冷硬規則的幾何服飾，在怵目驚人的唇色烘托下整體效果更顯突兀。以精品內衣設計聞名遐邇的香緹‧湯瑪絲（Chantal Thomass）是另一位紅色唇膏的愛用者，那樣的彩妝是她性格的一部分，包括那頭光滑發亮的黑髮，剃刀瀏海，和經常黑白相間的衣著打扮。

對這些女性而言，唇色幾乎代表了她們性格的精髓，和年齡毫無關係。她們利用強烈的唇色創造了不可磨滅，永難忘懷的形象。

「美國人讀到什麼問什麼，」一位美容專家告訴我。「法國女人自己嘗試。」（她還說如果店員恭維法國女人，她可能就不會買。「我們討厭受到推銷員的讚美。」）

香氛

我們談了各種關於視覺美的話題，儘管可能已經讓妳眼花撩亂，但我們還得再聊一下令人神魂顛倒的香氛。幾世紀以來，彩妝和香氛一直都是密不可分，相互依存。

許多人想到法國女性，腦海都會立時浮現兩個代表性的物品：香水和內衣。如一位知名的法國「香水鼻」（香水創作師的俗名）所觀察到的：「關掉電燈，羅曼蒂克的氣氛瀰漫在空氣中的時候，我們的感官功能會增強，讓我們對肌膚和香味感到比平常興奮。」香水，他續道：「可以讓我們一再墜入愛河。」

我覺得香奈兒女士有句話說得好：「不擦香水的女人沒有前途。」

自從一名來自革拉斯（Grasse）的鞣皮製革工人枷利曼先生（Monsieur Galimard）送給凱薩琳‧梅迪西絲一雙灑了香水的手套之後，她便將更多的風雅之事引進法國宮廷。那時，太陽曬過、鞣製過的獸皮所製造的皮製品，如皮鞋、皮帶、皮手套和包包皆奇臭無比，因此添加香氛可算是創造了新的時尚，不久便在宮廷掀起一番仿效風潮。無論從哪個方面來看，凱薩琳‧梅迪西絲都是個很有膽量的時尚先驅。

神祕傳說及社會風俗在人類文明發展的每個階段中，

支配著當代潮流的走向。在十八世紀,令人暈頭轉向的香氛,使法國宮廷的風雅登上了卓越地位——至於衛生,就不予置評了。十八世紀以前的法國人,每天唯一固定清洗的身體部位只有手部和臉部。臉和手是用有香味的清水清洗,而嘴是用沖洗的方式來清潔。沒有清洗的部位,就用極濃的香水,譬如麝香、茉莉、琥珀、晚香玉,及這些香氛的組合來蓋過身體所發出的難聞氣味。十九世紀宣告了一個新時代的來臨,人們開始推崇擁抱大自然,包括水,以及繼之而興的——沐浴。

無論當初是什麼不愉快的大環境致使人類發明了香水,今天它存在的目的是為了創造純粹的歡愉,而它成功了。

美國人讀到什麼問什麼,法國女人自己嘗試。

香氛具有獨特性,亦是女人性格的另一個延伸,和肌膚結合之後,就變成了她自己。香氛已經存在好幾個世紀,而法國人將香水創作的藝術昇華,被公認奠基了今日的香水工業。因此,我們想到法國女人就聯想到香水。

香氛無處閃躲,往往令人無法忘懷。熟悉的香味讓我們想起不復記憶的陳年往事,而全新的香味似乎在承諾要締造美好回憶,使我們不可自拔。它是隱形的,用我們無法理解的方式對我們說話。

化妝的祕訣

讓我來和妳分享，我住在法國時，學到了什麼關於化妝的事。

1) 用妝前飾底乳。只花幾秒鐘即能改變一切。我已經開始使用克蘭詩晶瑩美顏霜（Baume Beaute Éclair），擦在日霜和粉底之間。它提供了「瞬間亮顏」效果，正如條狀包裝上說的。

2) 先試用。法國女性很少不先要求試用品就掏錢買。她們要帶回家在不同光線下測試，就像在牆壁測試油漆。

3) 有一款彩妝大師的祕密武器能讓妳的雙眼閃亮生輝：愛若莎（Innoxa）的人魚眼淚眼珠保養品（Gouttes Bleues），是一瓶深藍色、含天然植物成分的眼藥水，可以讓眼白部分鮮亮清澈而且看起來清醒有精神。

4) 用介於拇指底部到手腕上方的空間當彩妝調色盤，這樣化起妝來簡單多了。

5) 不要浪費化妝品。安東尼歐提告訴我，從容器噴頭壓出一半導管量的彩妝到調色盤（也就是噴頭不要壓到底），如果還需要，再加四分之一。我從來不需要用得比一半更多。

6) 用手掌心安定彩妝。輕輕按，效果會表現在肌膚上，只會更好看，我保證。

7) 選擇比我們的膚色淺一階的粉底可以讓我們看起來比較年輕。話說回來，選擇顏色深一階的粉底讓我們看起來健康，好像剛從雪地度假回來。太濃的色調會老氣，所以要先測試。大部分法國女性選擇採用修容蜜粉；比較簡單、安全。

8) 測試底妝顏色比較聰明的方法是擦在鼻子上。

9) 擦液態底霜時,最後要用彩妝刷做一次快速不拖拉的收尾。

10) 「每個女人都應該在她的包包裡放一個**玫瑰色腮紅粉餅**,那是一種安全感,」安東尼歐提說。「玫瑰色的腮紅讓臉看起來清爽,比較不顯疲態。」

11) **顏色太濃的唇膏讓皺紋現形**。改用兩支玫瑰色系的唇膏:淺一點的白天用,深一點的晚上用。很合理,對吧?

12) 唇線筆要選擇和妳的**唇膏一樣的顏色**,或是用唇膏刷塗唇膏。這兩種作法都能保證精確的上色和完美的唇型。

13) 要瞬間消除疲態,伊修德美崧建議在**兩側鼻角和兩側嘴角**塗上光影。他提到:「嘴角容易隨著時間往下垂,打光有助於視覺上的拉提。」

14) 五分鐘化妝術:日霜、妝前飾底乳、粉底、睫毛夾、眉毛定型、一層睫毛膏、腮紅,如果需要的話,再加唇膏——可以出門了。

15) 最重要的是,絕對不能在**大庭廣眾之下補妝**。不行、不行、不行!如我的朋友安所說的:「任何和美麗有關的事情都是在私下無人的時候進行。」

今日法國女性用彩妝來顯現對外貌的自信，香水，同樣地，也是她們性格的延伸。我問被譽為世上最具天賦的調香大師盧丹詩（Serge Lutens），為什麼香水對女人這般重要。

他說：「香味可以重新啟動我們對自己的記憶，可想而知，女人從她選擇的香水味道中體會出自己，並且令它成為自己的一部分。」

盧丹詩有一個出名的評論，完美地捕捉了法國女人如何看待自己：「選擇一款香水，是一個純屬主觀的行為，它就像是『i（我）』上面的那一點。」一句話道盡一切，你同意嗎？

我的法國朋友大多數都使用同款香水好幾十年。對她們而言，精心挑選的氣味創造了許多對記憶的連結。她們有幾位偶而會試試新的香氛味道，很多時候是因為有人贈送，但往往最後還是回頭使用自己摯愛的味道。一瓶香水可能刻畫出一個女人一生中最快樂的時刻，也許是遇到生命中的最愛時的味道。「我先生說他聞到香水味就知道是我，」一位朋友說。她的香水停售時她好難過，但後來她終於找到新歡。「我好像被迫走向人生的另一階段，」她說。「聽起來很傻，但過渡期真的很難熬。」

柯爾科吉恩（Francis Kurkdjian）是他知名的個人品牌之下，一系列異國風味的神聖香氛的「香水鼻」，同

時也是高堤耶（Jean Paul Gaultier）、那西梭·羅德格斯（Narciso Rodriguez）、迪奧（Christian Dior）與荷蒂·思利曼（Hedi Slimane）、浪凡（Lanvin），艾莉·薩博（Elie Saab）等品牌一系列香水的調香師。

「香水的魅力無限，因為它創造情緒。」他解釋：「它很神祕，而且看不見又躲不掉。」

和彩妝一樣，專家建議女性朋友們如果尚未找到自己喜歡，要用上一輩子的招牌香氛，可以先要求試用品，同住一段時日再做承諾。「她可能愛上在香水店裡剛噴上幾分鐘所散發的味道，但一定要擦二十四小時擦個幾天。她生活上很看重的人喜歡她的香水味也很重要。否則，它和她就會被他們排斥。」柯爾科吉恩說。

和化妝品一樣，先試再買，是我們考慮美容大小事時，非常法式的作風。法國女性從保養品到香水每一樣都會要求試用品，她們要先和新產品共同生活，親身體驗過後才敢將自己託付出去。

「香水是一個不單只給自己的禮物，也是給別人的。我們甚至不知道哪一個人會收到這份禮物，」柯爾科吉恩說。

一點兒也不錯。在巴黎街頭我常經過給我香水禮物的女人。偶而，我會被吸引想跟上去問她：「妳擦的是什麼香水？」但我從沒這麼做過。我很感激那個當下，然後繼續

走我的路。

法式貼面禮給我們難得的機會，讓我們優雅地接受從一個男人或女人身上傳來的香水禮物。我最喜歡的古龍水是**我定居法國的理由**身上的招牌香氛——香奈兒的紳士淡香水（Pour Monsieur）。每當我出差超過一星期，我會帶迷你噴式試用品在身上，這樣分開時我仍可以聞他的味道。

我送給女兒安卓雅的第一份香氛禮物是香奈兒十九號（Chanel No.19）。我記得她是在十四歲時收到的，如果我早點認識柯爾科吉恩，她會在八歲時得到她的人生初體驗。

柯爾科吉恩在看著他鍾愛的外甥女阿格特玩耍的時候想到了一個天才點子，他決定要以吹泡泡遊戲為概念，做一瓶純粹簡單、單一香氣的香水。他的設計理念是想要帶領小女孩們走進香氛的奇妙世界。這一系列包含了四種香氣：紫羅蘭、洋梨、青草、薄荷，每一瓶都配上這些植物的顏色令它們看來更吸引人。使用方法是這樣：打開香水瓶，將小木棍的圈圈處沾滿液體（玩過吧？），吹泡泡，然後在泡泡裂開噴出香氣時穿過它們。

弗德列克・馬勒（Frédéric Malle）是知名的「香水編輯」，這是他的自稱。他說他發現女人很容易本能地被可以提升自己氣色的香氛所吸引。看樣子，香氛是如此私人，完全要憑直覺來尋找。

難怪香氛會跟浪漫和誘惑聯想在一起，因為它雖看不見，但喚起的反應往往難以預期。

此刻我們要來問個很基本的問題：女人應該怎麼擦香水？擦哪裡？

有一位女性問柯爾科吉恩，她是否該在膝蓋窩噴香水，這樣香味會往上飄？「我逼自己別說：『那很可笑。』」他回想。

大家的共識似乎是少量地噴在秀髮上（假定不是在夏天的海邊），這倒是不錯的選擇，動作和空氣會促進香味擴散。

別管那些大道理、技巧、和爭論：女人應該將香水噴擦或輕拍在「任何她想被親吻的地方」，這是香奈兒女士的宣言。

每一位我詢問過的男性都贊成。

安東尼歐提跟我說的話，是結束這一章最好的方式。他在我們要來個貼面禮互道再見之前說：「**身為女人是一種特權，每個女人都該濫用這份特權。別耽溺往事，用愛、樂趣、和熱情去做未來的每件事。**」

說真的，法國人不得不令人愛慕。鼓勵追求愛、樂趣和熱情的人生哲學，是他們最常給朋友的美容忠告。再加上香水、一張粉紅的臉、和態度。

4

完美髮型
Non, Non, et Non

剪髮、染髮、護髮（和一些驚喜）

法國女性最不同凡響的天生資產，其中一項可以說是
她們那一頭豐盈、彈跳、健康的秀髮。

除了令人嫉妒的曼妙身材（那可能是天生或後天努力
來的），我想她們之所以成為享譽國際、無可匹敵的風采
尤物，有很大一部分和頭髮有關。

怎麼說呢？主要是因為她們的頭髮**有活力**。秀髮亮麗
輕盈的年輕女性比比皆是，然而一旦過了某個歲數，許多
女人只想要頭髮聽話，於是紛紛用整齊方便的髮型，取代
了漂亮活潑的秀髮，真叫人扼腕。

法國熟女在這個馬虎不得的儀容細節上，絕對不會放

鬆，她們的髮型從不會太講究或太呆板，即使被一陣微風吹起，她們也不在乎，這是她們看似漫不經心的又一個迷人之處。髮型為她們平添一股青春逍遙的姿態。

何以如此呢？因為法國女人願意費盡千辛萬苦，反覆摸索嘗試，就為了找到可以帶給她絕對完美髮型和髮色的設計師，這樣她才能確保自己每天都可以表現得自在和自信。不過，所有女人面臨的問題都一樣，要找到一位設計師能夠準確執行自己的要求，往往必須耗費相當的時間和心力。

我已經說過，我們自己就是最好的投資。千萬不要輕看這句老生常談。一旦我們接受這個概念，就等於認知到必須投入相當的注意力和投資。有時候妳需要投資的不只是時間，還有金錢。因此，我打開天窗說亮話：**妳的頭髮就是妳。**早上起床，看看鏡子裡的自己，看到的是完美的髮型和髮色，剎那間，在一天尚未開始之前，妳已經覺得自己很棒了，這點法國熟女都很能體會。為自己的福祉和自信編列預算是一件正經事，我們可以過得非常節儉，但在某些方面，譬如剪頭髮和染頭髮，則必須下定決心籌劃一筆大開銷。法國女人都不隨便浪費時間或金錢，但為了頭髮，她們往往出手大方。

即使如此法國女人也不會天天應付想到就怕的護髮功課 —— 洗髮、潤絲、護髮、吹頭髮吹到變形等等，這些

會將她的秀髮折磨成一個原本的髮型和髮流會抗拒的「樣式」，然後又得用更多的什麼產品來定型。正常情況下，法國女人一週只洗兩次頭，如果真有什麼美髮祕訣的話這算是一個。我洗完頭兩天之後的髮型是最完美的，那是我要它怎樣它就乖乖合作的時候。我沒那麼苛求，最多不過梳梳頭。游完泳之後，我將頭髮沖洗乾淨，在髮尾抹上免沖洗護髮素，避免擦到頭皮，就這樣。

如我的一位法國朋友所言：「我們不要『複雜精緻』，因為任何『太過度』的事情都顯得很勉強，我們總是要別人以為我們做任何事都輕而易舉。」

那是她們最喜歡的一項祕訣。法國熟女會公然否認自己有花時間梳裝打扮，妙的是，大家都心知肚明。這是她們自己才懂的笑話。

有些法國女人將每週上髮廊編入美容預算。「給專業人士洗頭吹髮之後，我覺得自己乾淨俐落有自信，花這個錢值得。」一位作風格外瀟灑的朋友這麼告訴我。她也在家裡自己做深層護髮，而對她來說，這些每週的寵愛值得每一分錢。

剪或不剪不再是問題

　　每個女人的腦袋瓜裡都盤旋著一個問題：五十歲以後，怎樣的髮型才算太長？我們為此進退兩難。雖然想留長的人說，長度不必和歲數成反比，但我看很少有法國熟女的頭髮長過肩膀。幾乎沒有法國演員、電視記者、朋友或街上遇到的女性，在過了一定年齡之後會留著當今美國人喜歡的超長髮。我常看到的法國女人頭髮長度是及肩。我的髮型設計師蜜雪兒說：「我的客人不太希望在肩膀出現『空隙』，她們喜歡中短頭髮，或者說，長度剛好落在肩膀和耳垂之間，通風、透光的那個地方。」

　　這麼多年來，我一直有在街上拍法國熟女的照片貼在我的部落格，她們有的居住在巴黎，有的在我住的鄉間附近。她們當中年紀是四字輩的，也有人頭髮留到肩膀以下，但絕不是長髮，大部分是不同程度的中短髮型。再回想一下法國的女演員們，沒有任何一位的頭髮披瀉而下，或者長垂胸前。

　　在四十五歲之後就不留超長髮這個潛規則之下，維拉麗·崔威勒（Valérie Trierweiler），法國「第一伴侶」（法國總統歐蘭德的前女友），是唯一例外的公眾人物。還有前名模與前第一夫人卡拉·布魯尼·薩科奇（Carla Bruni-Sarkozy）在四十幾歲時也是留長頭髮。

．

　　如果拿凱薩琳‧丹妮芙在二十幾歲和三十幾歲的照片來和現在比較，妳會發現當時的她有著濃密飽滿、亮得刺眼的金色過肩長髮，令人讚嘆。然而，如今若她還保留那樣的長度，會令她顯得很老，她一度試過短髮，時尚界因而議論紛紛，但她很快又將頭髮留長，改成還不到肩膀，古典高雅、風情萬種的造型。不過，無論是過去或現在，一個將頭髮簡單往上梳的招牌盤髮，永遠讓她看起來賞心悅目。

　　很多年以前，歌手兼演員弗朗索瓦茲‧哈蒂（Françoise Hardy）將她少女般的直長髮，一舉剪成性感的短髮，茂密的瀏海誘人地垂到眼睛，同時還把整頭染成灰白色，令人驚艷。至於珍妮‧夢露（Jeanne Moreau），也將頭髮剪出層次感展現輕盈。而珍‧柏金（Jane Birkin）呢？這位在法國倍受喜愛和推崇的時尚偶像，將以前很長、很長、筆直摩登的招牌長髮，剪成今天像甜美小精靈似的短髮，同樣非常好看。

　　我可以從精心研究數十年的照片當中判定，伊內絲‧法桑琪、安努珂‧艾美（Anouk Aimée）、以及芬妮‧阿爾彤（Fanny Ardant），她們的髮型幾乎從未改變過，只是這裡那裡多少修整一點，都是選擇肩膀以上的長度，常此不變。

沒有規則

不過，巴黎的髮型設計師堅持髮長和年紀是沒有規則的，基本上，我同意他們的看法。

我們考慮過完一個大生日後，是否該拿起剪刀剪頭髮的決定因素可能是年紀，也可能不是。無論是長髮、短髮或中短髮，髮型可能是一個女人外在個性最為顯著的延伸。剪短頭髮會令她更漂亮、更時髦、更年輕嗎？也許會，也許不會。我訪談過的髮型設計師都認為，如果適合自己的話，留長沒什麼不可以。

從我諸多的美妝資料和工作檔案夾裡，我發現一篇2005 年《紐約時報》刊登的文章，主要是在盛讚年齡坐四望五、坐五望六以及更高齡的女性所展現的獨立自主和女性魅力，更特別提出說，這都要歸功於她們的長頭髮。接著還提到，性生活也是決定因素。有一位時尚編輯說，頭髮是一種「性感配件」。從實用的層面來看，特別長的頭髮可以有兩個好處：它能當作面紗遮掩皺紋和皺摺，或隱藏整型後的手術疤。

再說一次，剪不剪頭髮是個人的決定，也是女人表達自己個性的另一種方式。

Très Confidentiel 是家會令人忍不住讚嘆「神仙住的天堂也不過如此吧」的造型沙龍，經營者是弗瑞布列（Bernard Friboulet）。他說：「要女人和她的頭髮遵守某個既定規則是不可能的，有什麼比女人的頭髮更私人、更貼近她自己？」

弗瑞布列最近為香奈兒的對外公關總監瑪麗·露薏絲（Marie-Louise de Clermont-Tonnerre）剪了一款輕盈活潑的短髮，她一向美妙動人，現在卻更加漂亮了。我認識她至少二十五年之久，在沒剪短之前，她的造型一直是隨風飄曳的優雅中長髮。

「我會花很多時間和客人好好溝通，尤其是當她們想要大肆改變的時候。」弗瑞布列一邊說，一邊穿梭於我們的訪談和一位猶豫不決的客人之間。「女人可以有千百種理由想要『改頭換面』，而且往往不一定是為了風格或流行。有時候是更複雜的原因，也許是情感面的抉擇，我都可以理解，因此我希望多花時間去確認她們的真實需求。」他解釋。

認識我的朋友安這麼久了，她一直是留著一頂像精靈帽，光滑發亮、多層次、好梳理的超短金髮。她經常玩弄顏色，實驗金色的各種細微色差，此外，讓我印象深刻的是，我的婚禮上，她竟然把自己染成一頭紅髮。她無論染成什麼顏色都一樣好看，而她會選擇那種髮型是因為容易

整理又有女人味。

幾年前她決定變換造型。她讓原本的精靈髮尖留得更長，改造得更出色，保留了一貫洗完頭就可以出門的俐落，但整體感覺比較柔和、親切、更討人喜歡。

聲名遠播的明星髮型設計師亞歷山大·蘇瓦理（Alexandre Zouari），用一雙巧手維護之著瑪麗莎·貝倫森（Marisa Berenson）那宛如絲綢般亮滑飄逸，豪放華麗、大波浪捲的秀髮。他也同意弗瑞布列的看法。

「髮型沒有既定且通用的規則，就這麼簡單。」他表示：「要嘗試新造型可能也不錯，但是，女人到了某個年紀就必須剪短頭髮的這種論調，有時候正確，更多時候卻是大錯特錯。貝倫森為她的頭髮做了對的決定，這就是她的風格。」

我再同意不過了。有一天和貝倫森喝下午茶，看著這位有史以來最棒的模特兒之一，很難想像她若沒有那一頭豐盈美麗的秀髮會是什麼樣子。那是她的個性，她的風格，似乎她的基因裡就存在的令人目瞪口呆的、堅持原創的、不墨守成規的時尚觀。說不定，她身上真的有這種基因，因為她的祖母正是那位古怪、前衛、創新的義大利時尚設計師愛爾莎·夏帕瑞利（Elsa Schiaparelli）。

所以，女人到了一定歲數後，頭髮到底要不要剪短，

面對這個難題有些髮型設計師的態度的確模擬兩可。他們很多人提到，髮長過肩或及肩對多數女性而言，都不見得是最佳選擇。貝倫森的長髮漂亮是因為她的秀髮看起來輕盈自然，而且她經常將頭髮從兩頰向後梳，清爽地露出她美麗的臉龐。

剪或不剪該怎麼決定，究竟有沒有一個參考點？專家們異口同聲說：其實很簡單，只要能讓自己愉快，什麼都行。

難解的顏色之謎

我有一位朋友的頭髮總是剪齊到下巴，她很習慣自己染頭髮。她的頭髮沒有一點色差，清一色的深棕，幾近全黑——向來如此，我想以後也是。當白色髮根冒出來的時候，她就會拿出一把牙刷，要她先生將所有入侵者染成一樣的顏色。她堅稱自己同時很確實地做頭髮的深層保養。我完全相信。

在我認識的朋友裡面，只有她會熱衷於自己動手染髮。話說回來，染頭髮對我也是件麻煩事。不誇張，我的確花了好幾年才終於找到一位願意聽我說話的染髮設計師。我一直在尋找願意幫我做同色調挑染（tone on tone）

的設計師，有一次終於在雞尾酒派對上認識一位女士，她推薦我去見蜜雪兒。

我的建議，以及我的法國女友們的建議，是去找一位妳付得起的範圍內最棒的髮型設計師，同時在心理上接受，為了往後的人生，反覆摸索的代價是值得的。在街上看到有妳夢寐以求的髮色或髮型的女人，就大膽攔住她。有一次在巴黎，我就這麼鼓起勇氣做了，結果那位女士和藹到不行，真的拿一張紙出來將設計師的名字和地址寫給我。後來我試想，被這樣詢問，難道不會讓妳飄飄然、感到很榮幸嗎？

一旦編了剪髮和染髮的預算，其他妳大可以自己動手來——洗頭、潤絲、護髮膜、深層熱護理等等。很多專家大力推薦髮膜和熱油護理，它們也是我居家梳妝儀式的固定步驟，成果讓所有的努力都值回票價，尤其是為了前段提到的，沒有它我活不下去的同色調挑染。如果我睡覺時沒有用能滋潤一整夜的深層護髮產品，我相信我的頭髮不會擁有這麼亮晶晶的光澤。

我們再回頭來談談顏色。我特地訪問了兩位世界級的染色專家：侯邦（Christophe Robin）和侯道夫（Rodolphe Lombard）。

國際時尚媒體視此二人為藝術家，從顧客名單上響噹

噹的姓名，和坐在沙龍裡的眾多女性顧客看來，他們的才華並非浪得虛名。他們傾聽客戶的聲音；可想而知，他們用對顏色的感受度和創造力，替每位女人找到令她們的眼睛和膚色變得明亮動人的髮色。

侯邦對我的毛髮掃描分析結果並不十分滿意，但侯道夫說「還可以」。兩位都提議要幫我定調，但一直到今天我都還沒去兌現他們的好意，儘管我很心動。

金髮、棕髮、紅髮

最受歡迎的頭髮顏色是金色；幸運的是，它的明暗色調多到幾乎無窮。追求金髮的由來已久，早在文藝復興時代，為了擁有一頭金髮，女人用番紅花和檸檬汁的混合液塗滿頭髮坐在陽光下，戴上削去帽頂，留下帽緣遮臉的帽子以保護白瓷般的肌膚。不過，在崇尚個人風格與自然美的今天，髮型設計師往往會巧妙地引導膚色較深和眼睛比較深色的顧客考慮其他顏色，譬如像焦糖色混深棕色。

「對我來說，金色很好處理，」侯邦說。「深棕很漂亮，它就如同黑色小洋裝，時髦，萬無一失，留下美好印象。紅色不容易，做得成功會非常性感。」

侯邦附和香奈兒女士的名言「沒有女人，就沒有洋

裝。」他從不希望讚賞他作品的人對客人說：「妳的髮色好漂亮。」反而希望他們會恭維她說：「妳好看極了。」

知性灰

選擇把頭髮染灰，侯邦說：「是一個要有膽量才能做的決定。」

侯道夫擅長展現灰頭髮的唯美風韻，他創造灰髮的技術遠近馳名。他把將頭髮染灰稱作是一個「知性」的決定，他還說：「我認為灰頭髮可以非常摩登，讓女人流露無比自信，它帶給女性全新的自由。」

他又繼續說：「它需要一種態度，是女人打扮自己的時候，純屬感性的一部分。選擇灰色或白色是女子氣概的另一種主張，當然更表示妳決定不做頭髮的奴隸。」

他改良一種「顯微鏡式」的漂染技術使染灰過程更趨完善，幫助頭髮變白或變灰的女性不慌不忙地進入一個他所謂「白鹽與黑胡椒」的新世紀。

他的另一項聞名之處是徹底漂除頭髮的色素，讓它回歸原始的灰白。這樣的療程有時要花超過兩天的時間才能完成，因為他幾乎是一根頭髮一根頭髮地做，一趟下來他自己和客人都累壞了。我的一位美國朋友黛安娜大半輩子

都住在法國，侯道夫就為她做過這個療程。她本來不想做完整個療程，她覺得很累，而且「實在很厭煩每三個星期就要為新長出來的髮根做潤色調理。」她告訴我。

「整個程序做完之後的感覺就像拿到了『出獄』卡。那些不停地冒出來的髮根實在是噩夢。」黛安娜說。「侯道夫做了超過兩天，每天大約八個鐘頭，我嚇壞了。可是他一直走過我身邊告訴我，他發現年輕的面孔配上白色的秀髮真是好看。他察覺我很焦慮時會一直為我加油。離開沙龍的第一天，我的頭髮是鐵灰色，第二天是白色，從此就沒再變過。真說不出我有多高興。」

我有一位朋友香緹拉，她有著我看過最好看的其中一種頭髮顏色——天生的淡金色，隨著頭髮變白，白頭髮也跟著混在金頭髮裡，美呆了，而且是天生的。她只需要用中性洗髮精洗頭，洗兩次，第二次用紫羅蘭色調的洗髮精避免髮絲變黃，偶而用深層潤絲。她曾經在街上被人攔下，詢問她的染色設計師是何方神聖。

侯邦和侯道夫一致認為灰頭髮要搭配摩登、生動的髮型。想看起來年輕，灰頭髮必須有活力，而不是毛躁雜亂。我想有很多女人不見得有同感，說到底，敢挑戰灰髮的女人，都有一定程度的決心，對她們而言，也許髮型也尚有討論空間。

Priceless Lessons

專家傳授的寶貴知識

這些是得自侯邦的教導。他的客戶名單包括凱薩琳·丹妮芙，伊莎貝·艾珍妮（Isabelle Adjani），蒂妲·絲雲頓（Tilda Swinton），費·唐娜威（Faye Dunaway），碧昂絲（Beyoncé）·克勞蒂亞·雪佛（Claudia Schiffer），艾曼紐·琵雅（Emmanuelle Béart），克莉斯汀·史考特·湯瑪斯（Kristin Scott Thomas），以及茱麗葉·畢諾許（Juliette Binoche）：

※ 準備染頭髮的前一天，使用深層滋潤保濕髮膜均勻塗抹包覆全部頭髮，一直到去見染髮師之前都不要沖洗。

※ 超過四十歲的白種人女性，無論原來的頭髮是什麼顏色，都可以使用金色（適合當底色），會比較有親和力，甚至讓臉看起來比較年輕。

※ 眉毛通常是和頭髮原色最相近的顏色。

※ 染頭髮的時候，最好不要挑濃淡超過原色一或兩個色度的顏色。「有百分之八十的女性都要求要染比原髮色淡很多的顏色，她們真不該這麼做。」他補充一句。（是，我承認我錯了。）

※ 連續洗五次頭之後，必須深層滋潤染了色的頭髮。戴上塑膠沐浴帽，用熱毛巾包覆加強保養功效。（塑膠沐浴帽不只密封熱氣，頭髮上的保養品也不會被毛巾吸收，我之前從沒想過可以這麼做。）

※ 很多女人（錯誤地）相信，如果她們的頭髮顏色染淡一點，就會看起來比較年輕。恰恰相反，顏色太淡反而更突顯細紋和皺紋。

選擇髮色時，女性朋友們一定要同時考慮自己的眼睛和皮膚的顏色。

→ 「玫瑰花露水」是一種抗氧化劑，有清洗、潔淨、護色的作用。侯邦有含這種成分的組合產品，這些產品超棒的，但是妳將玫瑰花露水混入洗髮精和潤絲精一樣可以得到類似的效果。洗髮精或潤絲精與玫瑰花露水的正確比例是3:1。

→ 在適量使用洗髮精之前，先塗抹摩洛哥堅果油（萃取自刺阿幹樹果仁，其主要產地為摩洛哥）可以帶給頭髮奇蹟般的療效。它富含豐富的 omega-6 脂肪酸和抗氧化劑，不但可以用來抹頭髮，

也可以擦皮膚。它是一種「乾性」保養油，能為秀髮增添非凡的光澤彈性，令它不致扁塌油膩。

→ 薰衣草帶給頭髮豐盈的彈力和亮度。

→ 大自然的創造自有其道理，因此任何人都不應該將頭髮染成和原色差異太大的顏色。

→ 想擁有亮麗秀髮，可以拿一個大碗注滿冷水，加入一顆檸檬榨的汁，洗完頭後，用這碗檸檬水再沖一次，這會令任何顏色的頭髮都閃亮生輝。

照護和保養

　　侯邦和侯道夫跟許多我訪問過的設計師一樣，對那些非得天天洗頭用保養品不可的女性深感氣餒，而且這些女人往往納悶為什麼頭髮又扁又重，其實那都是保養品堆積和天然油脂被洗光了的後果。

　　頭髮裡的天然油脂，和存在於肌膚裡的天然油脂一樣，並不是我們的敵人。

　　侯邦告訴我他的明星客戶們經常將頭髮全部抹上護髮油，或是他的獨家祕方——紫羅蘭護髮素（他給了我一些），用髮髻別起來，然後到沙龍來準備做染髮。「油幫助收斂毛鱗以便上色。」他解釋。

　　侯道夫也強調：「一定要先上油再染色，才能確保色料被髮絲完全地『吃』進去。」

　　這對我和我的設計師而言是個新聞。我要蜜雪兒試試看；我告訴她，我得為這一章做實驗。結果顏色真的更飽滿更亮麗，她也看出來了。

　　侯邦還告訴我一個人人都可以辦到的妙招。他說有一位摩洛哥客人，洗完頭後，會拿一條一般尺寸的毛巾，捲成長條，然後身體向前傾（站著或坐著），彎下頭讓頭髮朝下，兩手抓住毛巾條兩端迅速地「揮拍頭髮」，從頸背到髮根，接著從前額到髮尾，連續做幾次。我跟妳保證，

結果會令妳驚訝。頭髮雖然還是濕的，但是它變蓬鬆了，因為這個拍打的過程讓空氣穿透頭髮，在毛髮間建立了空隙。

　　侯邦和侯道夫都認為我的頭髮狀況極優，這至少代表我沒做錯什麼。

體察入微的頂級沙龍

　　儘管侯邦和侯道夫兩人時髦、昂貴的美髮沙龍是巴黎染髮界備受覬覦的兩個地址，接待的客戶包括全球知名的美麗女性，他們製造的氛圍卻是溫暖殷勤的，任何走進沙龍的女性都一律會受到親切款待。這兩位男士都討人喜歡得沒話說，他們談到女人時充滿友善與尊重，很了解女人和設計師之間的特殊關係。對於那些宣稱「沒他們就活不下去」的忠誠客戶，兩人都說覺得受寵若驚、非常感動。

　　妳可以想像，到侯邦或侯道夫的沙龍去消費會是多麼昂貴的體驗，然而，有許多客戶特地存錢，只為了要找他們染髮。

　　侯道夫就有這樣一位遠住在法國小城的客人，她耳聞了他的名聲，存了好幾個月的錢，老早就預約，並且為了這個大日子專程搭火車到巴黎。她做完頭髮要離開時，侯

道夫給她一張名片，上面寫了她的髮色祕方，讓她帶回去給她住家附近的髮型設計師參考。

「體察入微」（Délicatesse）通常用來形容親切、體諒，對可能正處於壓力或壓迫感中的人，用靈敏的心溫柔對待。因為這章的主題是頭髮，我覺得這個字可以用來形容我在一些巴黎頂級美髮沙龍裡觀察到的待客之道。

很多時候，走進這些名店沙龍的女性可能是第一次造訪，也可能是僅此一次。許多人會被店內的豪華嚇到，更有些人是抱著犧牲龐大預算的心情上門體驗的，她們前來的理由，可能比純粹做一個大師級的剪髮和完美染色更複雜，對她們而言，設計師某方面也是心理醫師。這些大師深知這點，他們抱著體察入微的心，花時間發掘所有可能的方式，讓每個女人快樂、自在。

應用學來的知識

這些是之前從候道夫那裡學來的，他的客戶包括茱蒂‧佛斯特（Jodi Foster），蘇菲‧瑪索（Sophie Marceau），和凱特‧哈德森（Kate Hudson）。而現在（確實地），開始應用：

- ❖ 使用依髮質和髮色精心挑選的洗髮精之前，先倒一點「乾性」保養油，譬如摩洛哥堅果油到手掌心，兩手磨擦使油升溫，抹在頭髮上。待頭髮吸收數分鐘後，再開始洗頭。

- ❖ 多數女性一星期洗兩次頭就夠了，但洗頭時要連續洗兩次。

- ❖ 很多女性（我也算在內）使用太多洗髮精。其實洗髮精的用量，只需一顆榛果的大小，然後加點水，兩手搓揉，塗抹在頭皮。潤絲精也一樣，少少就好，只要塗抹在髮絲和髮尾。

- ❖ 蜜雪兒是我固定的髮型設計師，她沒有個人品牌，但她告訴我買專業的護髮產品比較省錢，因為它們的濃度比較高，相對地用量就比較少。

- ❖ 金髮或頭髮顏色白或灰的女性，洗頭髮洗第二次時應該要使用有輕微紫羅蘭色的護色洗髮精（第一次洗髮時，可用中性的產品就好）。有洋甘菊成分的洗髮精會染黃頭髮，我們千萬不要用。不過，蜂蜜色和焦糖色的頭髮就沒關係。

- ❖ 髮膜很重要。從髮型設計師到大明星到我的蜜雪兒，全部異口同聲地推薦，一個月該做一次將頭髮塗滿深層潤絲然後睡覺的保養。

- ❖ 要染髮的話，下回上美髮沙龍時帶一張小時候的照片。「我喜歡從女人小時候的照片來判斷她們頭髮的原色。如果可能的話，我想多看幾張從小長大的照片，來觀察髮色的變化。」候道夫說。

- ❖ 金髮美女們，曬了一天的太陽之後，請用 3/4 杯的摩洛哥堅果油混合一顆檸檬的榨汁，像油醋醬一般打勻之後塗抹在頭髮上保養三十分鐘。它可以提高金髮亮度和色澤。

CHAPTER

5

飲食計畫
Le Regime

健康飲食的藝術

　　蒙提斯斑侯爵夫人（Marquis de Montespan）據說是個絕世美女，擁有令人稱羨的豐盈身材，長年受寵於法王路易十六，也是他七名子女的母親。然而，生育免不了導致她（還有其他人）體重增加，於是她喝大量的醋來減少食慾。（有一位醫生告訴我這方法可能有效，但喝完之後會覺得非常不舒服。）

　　來自許多誇張不實的花邊報導，讓我們以為法國女人天生不會變胖。這點基本上沒錯，她們都不會變胖，不過不是因為她們體質特異，她們時不時還是得努力減個幾公斤。每位我訪談過的法國女性，沒有例外，都說維持苗條

的身材是第一優先，而且是一大挑戰。

我得說，我聽完感覺好很多，原來法國女人的纖瘦並不全是基因的緣故。法國小女生從小就學習吃什麼、怎麼吃來維持令人羨慕的身材。好習慣要從小培養，但這不代表已經是熟女的我們，不能從現在開始改變一貫的飲食習慣。我就改了。

有益健康的飲食態度

法國可說是一個致力於健康飲食的國家。每一樣被當作「零食」的食物（包括優格和蘋果汁）廣告出現時，電視螢幕下方都會橫打上一行警語，提醒民眾要天天攝取五蔬果。

最近我看到一則嬰兒食品廣告，一位媽咪正用湯匙將水果泥送進寶寶嘴裡，寶寶顯然很愛吃。廣告才開始幾秒鐘，螢幕下方就閃爍著：「教導妳的小孩正餐之間不吃零食。」

躲都躲不掉。

從小孩斷奶開始，用餐時，桌上的飲料就只有水。沒有人會在小孩面前擺一大杯冰牛奶或是一瓶汽水。法國小孩吃飯、還有口渴的時候，真的跟大人一樣，就只能喝

水，法國小孩也吃得出各種食物變化的不同味道和口感。剛學走路的小小孩，就開始吃茴香和高麗菜，以及其他「奇特風味」的食物，他們了解並非每樣東西吃起來都必須是甜的，因為還有味道截然不同的食物可以品嘗。

多虧他們的母親和祖母，他們也從小就明白食物不是敵人；亂吃東西、吃零食不吃正餐、暴飲暴食才是敵人。

小女孩不只有在餐桌上學習健康飲食，在廚房幫忙也是學習的一部分。很多女孩不到八歲或十歲就可以做出一個蘋果派，不需要大人在一旁協助。從烹調、呈現到進食，整個過程的每樣儀式都是教材，都是為了營造有樂趣、有節制的飲食環境。

一般法國家庭會在晚餐後來一道自製的什錦燉蘋果水梨（沒有加糖，當然）和／或優格。派餅、奶油蛋糕、奶油慕斯和烤布蕾，他們非常期待可吃得盡興，但頂多一星期一次，絕不再多。其實，很多營養學家建議晚上吃什錦燴水果，不僅可以當成飯後甜點，蘋果也可以幫助入眠，至少有一位營養學家這麼告訴過我。

將健康和食物之間做有意識的連結，自然而然地讓法國女性對飲食的質和量抱持明智的態度。通常，法國人將下午茶和精緻甜點保留到例外、特殊的場合，她們似乎憑直覺就知道什麼時候可以豁出去攝取卡路里，什麼時候根本不值得。

與時尚接軌

一天下午，我在 Angelina 餐廳（全巴黎熱巧克力做得最棒的地方）暗中進行取材任務，當我用湯匙將鮮奶油舀進如糖漿般又濃又滑、香得無法抵擋的熱巧克力時，周圍的法國女人們正一口一口啜飲著無糖的茶，表面還浮著一片薄如紙的檸檬片，她們似乎喝得很開心。

「我們在一個時尚和食物緊密連結的文化環境長大。法國女人爭強好勝，事事都要出類拔萃——情人、母親、廚師、事業女強人，隨時隨地都要保持漂亮時髦。」營養學家柏斯東迪耶（Claire Brosse-Dandrieux）告訴我：「還有，老實說，穿衣服要好看，很現實地，在某種程度上妳就是必須瘦。」

原來如此！一切都是為了美，虛榮真是一帖食慾抑制強效劑。

為了進行客觀的調查，我在午餐或派對裡實地偷偷觀察我的朋友，還在餐廳裡偷瞄所有身材讓人又羨又嫉的法國資深美女們的一舉一動，還有，不用說，我也詢問了通曉內情的達人們。

法國女人注意自己的體重，很謹慎的維持。她們會設定一個標準點，允許自己可以因為假日、特別節日、假期等等而有比標準多個兩、三公斤的彈性。控制體重有很多

好處：同樣一件衣服可以穿好幾年、身體比較健康、我們會滿意自己的自制力、裡裡外外都比較「舒適自在」（dans leur peaux）。

如果這樣的誘因還不夠，賽貝格醫師指出，維持理想體重，是最有效的抗老護理。他說：「法國女人心裡面很清楚，過度節食和運動，會弄得自己面容憔悴，過了某個年紀，還不斷強迫自己溜溜球式的節食絕不是個好主意。太瘦的話，臉部會失去讓人看起來青春的嬰兒肥，體重大起大落，會使臉皮鬆垂。某個年紀之後，臉上的肌肉就會失去彈性了。一定要平衡，法國女性很注重生活中每個面向的平衡。」

我的朋友以及因為寫這本書而認識的女性朋友，除了少數幾個特例外，都告訴我，她們的內心其實很「饕」（gourmandes）。換句話說，她們很愛吃，如果不是因為更愛自己那幾件美麗的衣服，她們可能會常常沒經過大腦就大快朵頤。

我曾經在一場盛大慶典當中，看到我的朋友裘娜菲耶芙因為一片巧克力蛋糕而狂喜，她拿起叉子，小心翼翼地切了一小口，只到叉子的一半，就這樣。她甚至沒全吃掉叉子上的糖霜，然後兩隻眼睛閃閃發光的說：「我愛死巧克力蛋糕了。」

最近我們相約到她那舒適宜人的公寓用午餐。前一天

她在電話上說：「就我們兩個人，我們來吃頓少女午餐，怎麼樣？」

好極了。這頓飯包含了一人份的蔬菜海鮮沙拉、巴黎才找得到的麵包、奶油（但沒人碰）、酒、一小塊紅莓水果塔。飯後我們移到客廳喝咖啡，咖啡盤旁邊有一盒巧克力，我們兩人各自嘗了一塊。

這麼多年了，我很清楚她們講一大堆自己多愛吃其實大部分只是「作態（coquetterie）」。不過，曼妙身材的女士盡情享受美食的樣子的確很賞心悅目，尤其是在派對上，或者和一位男士卿卿我我的用晚餐時。有時她們會放心大吃一番，不過馬上就會停口。

我確信，正因為法國女人熱愛美食（和美酒），所以她們才能成功地控制身材。天天攝取美味營養的食物是唯一能真正變瘦並維持下去的祕訣。選擇食物和準備食物必須同樣謹慎小心，豐盛佳餚是偶一為之，簡單輕食才是法國人的常態。

而我呢，也學習法國女人，一星期採買三次新鮮食材。我喜歡市場，多年來也和菜販建立了交情，有會幫我選朝鮮薊的達人，還有清楚每一種乳酪脂肪含量的乳酪女士（她總是讓客人盡量試吃），有魚攤老闆（他會在秤了我買的東西之後再多丟進幾隻小龍蝦），還有賣烤雞的年輕人，他總是想跟我說英文。另外有水果先生幫我選今天

就可以吃的哈蜜瓜，以及放三天後再吃的。馬上可吃那顆他會畫個 X 做記號。這些人都是我喜歡法國的原因。

我的朋友伊迪絲說她的飲食「很懶人」，她的意思是比起含糖甜點，她會選擇時令水果（不過假使妳放一塊 Lenôtre 的咖啡奶油夾心捲在她面前，就會破除所有理智的假象）。她每頓飯的第一道菜，冬天是湯，其他時節是灑上小麥胚芽和豆芽菜的沙拉。她吃糙米，從不吃白米。她非常愛吃蔬菜、水果和魚。

「我知道身體需要什麼，只吃讓我感覺舒服的東西，因此我精力旺盛，」她說。這是真的，光是看著她活跳跳的樣子就很累人了。「我從不去想我的體重，從不節食。我有一個三層蒸鍋，幾乎每樣食物都用它烹調，所以沒有增加不必要的卡路里，不過我會用橄欖油炒點新鮮洋菇增添一餐飯的風味。」

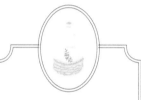

油醋醬
Vinaigrette

混合兩大匙的初榨冷壓橄欖油和未過濾的菜籽油（油菜籽）；一大匙的水（以水取代通常會用的第三種油）；一大匙的醋或檸檬汁；一大匙的黃芥末；新鮮香草。快速攪拌，芥末可以幫助油水結合。（所有食譜上油醋醬的比例都是 3:1，我的 3:1 是兩份油加一份水對上一份醋或檸檬汁，也可以依此比例擴大分量。）

內科醫師弗卡得（Alexandrea Fourcade）本身也是一位母親，有三個年紀介於十六歲到二十六歲的女兒，她也說自己從不節食。「節食早就不流行了，」她表示：「太耗心神。我甚至不再思考吃這件事。我知道什麼對我好，什麼對我不好，我的身體會告訴我。我吃得健康、或比較不健康時身體都感受得到。我決定破例喝酒、喝香檳、或吃甜點的時候是很清醒的，我享受每分每秒。」

「酒精，」她和我訪談過的每個人都一致同意：「無助於維護美麗的肌膚。」又一個喝酒要節制的原因。

弗卡得醫師有一個女兒，體重曾經出了點狀況，於是她帶著女兒去找營養師。營養師為她做了飲食計畫，她遵守計畫，現在又可以吃得和媽媽姊妹們一樣了——沒有刻意節食。「也不需要聽她媽媽嘮叨，」弗卡得醫師說：「那是她自己的決定和責任。」

每個我認識的人家裡的晚餐都很清淡。夏天有沙拉、水果，有時會烤魚，冬天有湯。優格是每天都有的經常性甜點，冬天我們做不加糖的什錦燉蘋果水梨。

法式飲食通常從開胃小菜開始，譬如沙拉或簡單的湯，因此在緩緩進入主食之前，大腦有時間去感覺飽了沒，我們都知道，腸胃的實際狀況，需要花二、三十分鐘才會傳到大腦。

節食計畫

　　儘管飲食習慣良好，法國女性和我們一樣，有時仍需要「特別留心」，說白了就是要進行「節食計畫」（régime）。她們也和眾多女性一樣，會求助於時下風行的減肥套餐和快速減肥法，妳也許記得這種東西正是源自法國，不過如今，這類節食法不但遭到女性大眾的抵制，連醫學界也不以為然。有些人會跟醫生要神奇藥丸，但到頭來還是只拿到形形色色的草本藥方，至少算是在心理上推她們一把。

　　但是，世上並沒有神奇的法式特效藥，也沒有什麼仙丹。我的內科醫師告訴我：「祕方倒是有兩個：決心和蘋果。」什麼？

　　他和柏斯東迪耶一致強調，唯一能節食成功的條件是絕不要餓肚子，如果餓的話，就出動天然的食物加以解救。我認識的每個法國女人都用熱茶當作第一道防線，它讓我們冷靜下來，免得被想塞東西到嘴巴裡的那股衝動給征服。

　　我的內科醫師在車子裡隨時都放幾顆蘋果。我的好夥伴安不確定可以吃到「正確食物」的時候一定會帶水煮蛋出門，她也經常放一包杏仁在皮包裡。「以防萬一。」她說。

　　法國女性每天都正常吃三餐，如果真有人要縱容自己的話，還加上很簡單的下午茶——像是茶搭配水果，兩小方塊的巧克力，優格（一定是原味低脂，絕不是零脂，偶而加新鮮水果），或者幾顆杏仁。（伊迪絲將杏仁泡水讓它們稍微「發脹」，她說這樣比較健康好消化。）

　　我研究求證這件事，結果她完全正確，浸泡杏仁可以分解纖維幫助吸收，杏仁的各種神奇功效裡，還包括它是「大腦興奮劑」，富含增強記憶和智力的必要脂肪。

　　我的朋友及熟識友人當中沒有骨瘦如柴的紙片人，這麼多年了，一般的法國人也都是這樣。我住在巴黎附近，而不是市中心，這使我對法國女人和她們的身材有更全面的見解。我的眼睛已經習慣看到瘦的女生，卻並不是嚇人的瘦。伊內絲·法桑琪那麼修長瘦削的身材是特例，多數法國女性都是中等身高加上小骨架。

正念進食

　　最近我認識了一位專精營養學的法國名醫朗波雷（Denis Lamboley），他倡導用正面的態度，挑戰減重和一輩子不復胖的目標。

　　朗波雷醫師主張減肥者首先不要有罪惡感，原諒自己

在壓力和負面情緒下，會想吃東西的心情。「想像妳正遭到惡意威脅，」他說：「妳打算怎麼做？妳自己來決定要如何逃脫。先思考再行動，這點十分重要，練習使用正念。」

正念指的是活在當下，不去批判自己正在醞釀的思緒或正在感受的經歷。這種處世方法，和禪道佛學的東方宗教精神不謀而合。朗波雷醫師鼓勵病人運用正念面對壓力、情緒和甚至食物所引起的誘惑。他強調我們要從身陷的處境中退開一步，看清現況，冷靜做決定，接著繼續向前。他對食物引起的罪惡感很不以為然，認為如果我們用正念做決定，罪惡感一定會消失。

他說我們吃東西只有兩個理由：口腹之慾和心靈享受。這是我新得到的座右銘──夠法式了吧。他還說，如果我們純粹只因為高興而想吃東西，也已經清醒地決定要吃兩顆馬卡龍，那我們就吃，而且要「盡情享受，絕對不要有

泡軟的杏仁

1 用清水沖洗原味、無塩的（當然囉，是吧？）生杏仁，瀝去污水。

2 將杏仁放入碗中，用全部杏仁體積兩倍的冷水覆蓋。

3 用乾淨的布或其他東西把碗蓋著。

4 室溫靜置八到十小時，將水瀝乾再度沖洗之後便可食用。

罪惡感。」

克萊兒有相似的看法：當腦袋裡塞滿了巧克力、巧克力、巧克力，想來想去都是它，這情境妳再清楚不過了，該如何是好？

「放心吃吧，」她說。「如果妳不吃，而去吃低脂或零脂的優格，妳還是會一直想著巧克力。於是妳再吃一個優格，還在想巧克力。然後妳又吃一塊水果，接下來呢？妳要巧克力！到那時，妳會因為崩潰而去吃巧克力，但妳已經吃了兩個優格、一個水蜜桃，卻還是不滿足。想吃的是巧克力，就應該吃巧克力。」

任何喜愛巧克力的人都知道，黑巧克力才是上選，要選擇可可含量有 70% 以上的，慢慢吃慢慢品嘗，也許可以配一杯茶延長滿足感。

「一定要問心無愧地吃。」克萊兒強調。「女人對巧克力的慾望和饑餓一點關係也沒有。對特定東西的慾望是無法隨便取代的，人生太匆匆，不能放棄樂趣。」

通情達理的
法式節食計畫

早餐

一杯室溫新鮮檸檬水（太燙會破壞維他命 C），一顆奇異果，兩片全麥吐司薄薄地塗一層真正的奶油，一到兩顆蛋，或兩瓶用脂肪含量 2% 的牛奶做成的優格（各 125 公克），還有一杯很大杯的咖啡歐蕾，也是用脂肪含量 2% 的牛奶。

＊妳可以變一點花樣，但要保留蛋白質、脂肪、水果、熱飲這些元素。每天的早餐都一樣，無論是平常日、假日、還是名模日。

午餐

任選下列其一當主食：一片削去肥脂的火腿、雞或火雞裡較低脂的部位、水煮鮪魚或其他魚類；一份沙拉，淋小分量的油醋醬（食譜見 124 頁）；一份水果，除了香蕉、葡萄、水果乾之外都可以。
這些食材就可以做一份主廚沙拉了。

名模日午餐：200 公克的魚肉或雞肉裡較低脂的部位，或 150 公克的其他肉類，一塊 140 公克的瘦肉漢堡也可以算是適當的選擇。兩個 125 公克的優格，或 200 公克的白乳酪（fromage blanc）——可惜在美國不太容易買得到。

晚餐

蔬菜湯，魚肉或白肉，水煮綠色蔬菜，一個優格或一個水果。

名模日晚餐：蔬菜湯，或 400~500 公克的水煮綠色蔬菜淋一小匙橄欖油。甜點是兩塊烤蘋果或一份什錦燉水果，都不加糖，當然。

＊重點：一週有三天是名模日。蛋白質午餐能驅逐飢餓感。輕食晚餐給我們這一整天保持健康所需的維他命。這天不能喝酒。

食物如慶典

多年前我曾讀過一篇以法國和美國女性為對象的問卷調查，問題是：「想到巧克力蛋糕時，妳的腦海首先浮現什麼？」

法國女性的回答是「慶典」，美國女性的回答是「罪惡」。兩者心態上的差異明顯可見。再者，顧名思義，「慶典」指的就是一個例外，一場盛會。

樂波赫（Elyane Lèbre）是朗波雷醫師的合夥人，她創作的許多食譜他都很喜歡。樂波赫提倡一個方法，叫做「拖延衝動十二分鐘」。我們坐在皇家蒙梭飯店（Royal Monceau）的露臺餐廳享用冰咖啡以及兩顆馬卡龍，她解釋，衝動的時候，立刻去找一件可以做十二分鐘的事情，譬如擦指甲油，或者打個電話。這可以幫助我們辨識需求，感受當下，然後再決定。

最近我訪問了歐布蕊醫師（France Aubry），她是一位內科醫師、營養專家、作家、更是一位法國資深美女。「節食計畫不能懲罰式的進行，」歐布蕊醫師說。「它必須可以一直持續到達成理想體重，好讓我們進入正常聰明的日常飲食。」和每位我認識的醫師及營養師一樣，歐布蕊醫師也告誡病人要面對磅秤上顯現的數字。

歐布蕊醫師的「節食計畫」非常成功，而且使她在法

國聲名大噪。這個「節食計畫」的原則如下：不需要在到達目標體重前暫停最喜歡吃的食物。她允許一星期有兩次「自由」餐——一次午餐、一次晚餐，這可能包含紅酒燉牛肉配馬鈴薯、酒和一份無糖水果甜點（她建議鳳梨）。假使其中有一餐以吃魚取代吃肉，甜點可以改成巧克力泡芙。

一星期有三天她用名模減肥飲食法當特餐；早餐不變，午餐是全蛋白質餐，晚餐則是蔬菜濃湯加什錦燴水果，或水煮綠色青菜（400 到 500 公克）淋一小匙橄欖油，和什錦燴水果或兩顆蘋果當甜點。

她容許一天喝兩杯酒。我從不一天喝兩杯酒，但這個提議很誘人，也代表她了解酒可以帶來滿足。

這是我執行過最簡單、容易達成的減肥餐，我有三位法國朋友試過之後都很推薦。名模減肥飲食法也是一個結束假期、冗長的晚宴派對，或玩過頭之後回歸正軌的好方法。

歐布蕊醫師還配製了一款神奇（不是我在誇張）草藥丸，叫做「馬地凱索」（Madecassol），原本的初衷是為了促進新陳代謝，卻因此發現了一個有益的副作用——當作利尿劑幫助減少橘皮組織。我到藥房去領藥時，藥劑師跟我打包票說很管用。真的！

　　另外她也給病人一個處方，讓她們帶去給物理治療師做推拿按摩，幫助卸除身體內多餘的水分及廢物，還有，橘皮組織！我實在很不想告訴妳這個，但還是忍不住：法國的社會醫療保險有給付這些減重療程。我對歐布蕊醫師說「法國萬歲。」她回答：「可不是嗎？」這套按摩療程太高明了，而且立即見效。為了寫這一章，照例我必須親自體驗，我得說，儘管法國女性深好此道，它感覺起來並不愉快。在這個按摩療程中，物理治療師完全沒有觸碰到身體，相反地，病人穿上一件從頸部套到腳踝的連身衣（不能穿內褲），然後進到一台機器裡被搓揉。搓揉的同時，這玩意兒還會吸吮和掐捏皮膚。它有多段變速，物理治療師可以（也的確有）調節適當的力道來進行任務。我覺得這場體驗的最佳形容是：宛如遭到服用了類固醇的工業用吸塵器攻擊。

　　療程結束後一定要攝取大量水分來沖走橘皮組織。是的，它很有效，對身形雕塑和新陳代謝有幫助。法國女人喜歡她們的節食計畫裡有搭配這類療程，或是土耳其浴、蒸氣浴、以及美體美容中心裡貨真價實的按摩。

　　現在來複習一下關於維護身材和面對食物的健康態度，法國女性都怎麼做：

- **加一份湯或沙拉**。有些專家說在每餐飯加進一個開胃菜，可以幫助我們將從午餐到晚餐一整天吸收的總卡路里數減少到 20% 之多。蔬菜湯有夠神奇的！

- **坐著吃東西**。我從沒見過哪個法國女人在廚房，或任何地方站著吃東西，這樣會使正念功虧一簣，正念是我們嶄新的生活起點。

- **愉快地吃每一餐飯**。享受妳的食物。

- **不必後悔吃巧克力**，當妳想吃的時候。選擇黑巧克力並且少量地吃。朗波雷醫師說，下午四點到六點之間是一天中吃巧克力最好的時段。歐布蕊醫師偏好在飯後吃。（當我想吃的時候，我就會吃，不管是在什麼時間。但我只吃一點點。還沒搬到法國之前，我都不知道原來單包裝的糖果也可以細細品嘗，而且還可以分好多次吃。）

- **詳讀標籤**。「如果一樣東西裡面含有超過五種以上的原料，對我們可能就不太好。」樂波赫說。

- **趕快去買一個蒸鍋**。我所有的朋友都有一個，像伊迪絲就有一個三層式的，可以讓食物變得很有味道，而且留住食物的精華。

- **妳很可能沒有果汁機**，最好要有，可以做湯和冰沙。法國人對冰沙有一股全民狂熱潮。

- **聆聽妳的身體**。法國女人用餐時，感到飽足的當下或前一刻就不再吃了，無論盤子裡是否還有食物。

　　妳會驚訝健康飲食竟然是如此簡單的一件事。只要開始像法國人一樣歌頌食物和身材，妳會發現生活可以過得舒暢自在。

歐布芮醫師
問答篇

◇◇◇◇◇

Q 有些朋友和我喜歡在晚餐前喝酒，覺得這樣比較開心。可以這麼做嗎？還有，我興致來的時候能不能選擇喝白酒？

A 妳可以在晚餐前喝酒，但是要馬上接著吃晚餐。妳會希望酒精跟著晚餐一起消化。還有，可以，妳可以喝白酒，不過我偏好紅酒。而且，別忘了，白酒可能引起焦慮。

Q 下午四、五點很餓、很餓的時候，看到面前一個軟又甜、有熱量沒營養的誘惑，真的很想做出會後悔的決定，怎麼辦？

A 吃一塊水果，喝點茶，或水果優格，或一杯番茄汁或 V8 蔬果汁。也可以吃一小把的杏仁。

Q 你覺得睡前喝花草茶如何？

A 我愛極了。

Q 豆莢、扁豆等的豆科植物，你是怎麼看的？

A 我很喜歡吃。可以搭配魚或蛋吃一小碗，但平常不要和肉類一起吃。

Q 巧克力呢？

A 用餐後吃，要吃黑巧克力，當然，分量要節制。

Q 乳酪呢？別忘了我們可是住在法國。

A 只吃軟乾酪，例如卡蒙貝爾（Camembert），布里乾酪（Brie），羊奶起司（chèvres）等等。不能天天吃，只能偶而吃，而且之後不能再吃甜點。

Q 水呢？

A 水一定要喝夠，但喝太多也有問題。我們應該每天攝取 1.5 公升的水。太多會造成體內囤積，不夠的話全身裡裡外外都吃虧。我建議喝 1 公升的水，剩下的分量從一天當中其他的飲料攝取。（我的女性朋友們每天至少喝 1.5 公升的水。）

Q 我們都知道你拒絕攝取糖分，可是，看在老天爺的份上，偶而加一點蜂蜜、龍舌蘭糖漿或木糖醇（萃取自白樺樹的樹皮，一種天然，非常甜的「糖」）在優格裡面，行嗎？

A 好，但只能放一小匙，不要濫用這個特權。

Q 你對排毒有什麼看法？

A 我認為很好，不過一星期只能做一天。我建議我的求診者排毒時吃蔬菜清湯，花草茶加一小匙蜂蜜，和一份什錦燴水果。這樣吃對氣色也有幫助。

6

運動？一定要的！
Bien Sûr ！

又瘦又開心：健身＝享樂

每星期五早上，我教英語會話的同時，隔壁教室上的是伸展課，而走廊的盡頭有另一群女學員則在練皮拉提斯。我有兩個朋友平日的運動是打太極，總之很多法國女性都有報名參加某種運動課程。

至於我所喜愛的「水中有氧運動」，受歡迎到一位難求。當初為了報名，我在一個星期六早上八點將自己拖下床，然後排隊等了兩個鐘頭。一年三百六十歐元的費用，每週最多可以上七次課。（有一年我還真的每個星期都報到七天。）

這些體育活動有何共同之處呢？絕大多數的參加者都

是熟女。她們有些是因為到了更年期，希望透過運動促進新陳代謝，有些是希望保持體力、讓自己行動自如，運動永遠不缺理由！

我的水中有氧課堂上，學員的年齡層從二十幾歲（有些是新手媽咪）到八十三歲都有，那位自稱已經八十三歲的女性，說上這堂課對關節炎有助益。看她悠哉進出游泳池的姿態，顯見所言不假，而且，她通常是騎著單車來上課。

越老越樂活

一位最近剛慶祝七十歲生日的朋友告訴我，她每週都要上三種運動——伸展、瑜珈、和太極，而這都有助於她遠離關節炎，讓她保持活動、走路、和騎單車都有如三十幾歲時的靈活。我看過她上市場買菜的樣子，她單手提著大菜籃，像一個年輕女人一樣跨開大步走路，迅速輕快又靈活。

我有一位四十出頭的學生，她來上課的時候，都將泳衣穿在衣服裡，我們一下課她就匆匆離開去隔壁的室內游泳池，游幾圈之後才去吃午餐。

由此可見，法國女人愛運動，而且人數與日俱增。

別相信那些妳聽到或讀到說法國熟女不運動的胡扯。相信我，她們超愛運動。

貝芮桐老師（Anne Breton）是一名受過正統訓練的舞者，她教的課除了有瑜伽類課程，還有舞蹈和健身。前幾天她告訴我，來上課的學生越來越多，尤其是熟女。她還告訴我，一對一可以讓學生們運動地更正確、效率更好，所以她也有私人授課。我問她，這些上她課的女性學員大約都是什麼年齡層。「從三十幾歲到超過七十歲都有。」她說：「有些人一星期上三次，有些只上一次，視她們的工作情況而定。最近這十年我發現運動健身的需求遽增。我想她們終於了解到，想保持健康感覺年輕靈活，就得靠運動。」

貝芮桐老師的體育課五花八門，包括爵士舞蹈和芭蕾，她已經教了二十六年。她有一堂嚴格的核心課程，也就是深蹲、伸展，以及強調腹部、臀部和手臂的訓練，最後以伸展和緩和運動收尾。「隨著學員的進步，我會漸漸地增加重量和彈性，」她說。她還教走路運動。

她特別提到，她上課時很嚴肅。「我看過有些女人上課嘰嘰喳喳，交換食譜，天南地北地瞎扯，在我的課堂上不允許這種行為。我們上課是為了要動，所以一定要專心運動。」她說。「但是我會讓學員們動得很開心。」她向我保證。

雖然貝芮桐沒有教皮拉提斯，卻對它很著迷也很讚賞。「皮拉提斯實在是很棒的一種調節、伸展和活動身體的方式。」

據貝芮桐老師說，在這場最近才開始爆發的運動熱潮當中，慢跑的女人也增加了。「而且不只有很年輕的女人，」她說。「如今四十幾歲和五十幾歲的女人也都在慢跑。」貝芮桐的骨架很小，而且，由於她一星期運動二十八個小時（不含私人授課時間），可以想見她的身材令人羨慕。她從不節食，她是這麼說的：「我從不剝奪自己的享受。」

我看著她的追隨者魚貫進入體育館，有的女人身材標準，有的很瘦，有的沒那麼瘦，有的甚至還有點圓，基本上就像日常大眾女性的縮影。貝芮桐向學員解釋運動可以雕塑身材，增長肌肉，讓關節活動自如，不過「如果妳想減肥，必須先減少卡路里的攝取。」她身上的肌肉太多，因此體重總是超過標準。「為此我每次都不得不再三解釋。」

我們從肌肉一路聊到橘皮組織，她毫不猶豫地說：「女人都會有橘皮組織，我也有。」我很難相信，但她發誓是真的，但並不感到困擾，她用自己當例子讓女人知道任何人都可能會有。

全法瘋運動

今日大多數的女性雜誌，每個月都會有關於運動的文章。二十幾年前我們剛搬到法國時，完全沒有這類報導。

如今健身俱樂部在全國大小城市四處林立，提供各種等級的奢華服務。有些運動中心的設備很簡單，不過一定至少會有大到可以上水中有氧的游泳池，和各種類型的運動課程，以及有教練指導和基本器材的健身房。另外通常也會有任何年紀的法國女人都喜愛的加值設備——土耳其浴。

想也知道，在巴黎可以找到為忠實客戶提供「頂級」（haut chic）課程、美得令人窒息的水療溫泉會館。過去幾年來，各大飯店也紛紛增加越來越多的昂貴課程和高級設施，可以讓妳在一番激烈的運動之後，享受一場豪華花俏的服務，讓人簡直想要在飯店定居下來。我曾在其中一家飯店，度過了難忘的一日，他們提供包含上述種種的整套身心療程，外加為個人量身設計的食療建議。他們訴求食療不一定是為了減肥，而是為了幸福健康，甚至是為了全力抗老而設計的。

參加者不一定非得要住宿。就我所知，法國特別注重能提昇國民生活品質的各種活動。城市鄉鎮不分大小，皆提供各式各樣的課程，價錢公道，人民可以隨時報名參

加。我教英文會話的小鎮就有很多有趣的課程，例如和專家去遠足逛博物館（公車在鎮公所接參加者上車，載他們去巴黎，晚上六點再載她們回來）、各種繪畫課、電腦課、鋼琴課、讀書會，還有種種舞蹈和體育活動。這個小鎮的人口數區區三千四百人，也擁有一座游泳池，提供各式水中運動課程。

熟女們都非常熱衷此道。我有一位學員，六十多歲，上完電腦課，穿過中庭來上英文課，下課後就往游泳池走。

有很多課程，尤其是運動課，是以單次計，還有全家折扣、銀髮折扣，也可依照個人時間及預算，以採時數計費的方式去上運動課和使用游泳池。也有夜間課程，方便白天上班的人。

水底飛輪

最近我遇到一位曾一起上水中有氧的同學，我們將近一年沒見了。乍見寒暄之後，我們談起各自的運動安排。她已經七十多歲，後來因為搬去凡爾賽鎮（Versailles），現在在那邊上水中有氧。

「最棒的是，」她說，「他們有水底飛輪。我才剛開始學，但實在太好玩了。我從沒想過可以在水裡踩飛輪。」

她慫恿我跟她一起去體驗。

「結束之後我們可以一起吃午餐。」她放出利多，很吸引我。只可惜，凡爾賽離我家有三十分鐘的車程，而我平日上的水中有氧課程，雖然沒那麼精緻但也稱得上優質，我從家裡去游泳池只需五分鐘車程，認真想運動的時候，我會花十五分鐘騎單車去。

在另外一個城鎮，離我們家相反方向約二十分鐘路程的烏東城（Houdan），剛開張了一座設備新穎先進的高級健身中心，也有水底飛輪課程。我的朋友蜜雪兒，四十三歲，特地打電話來催促我一定要提早去預約說明會。「遲到三分鐘妳的位置就被搶走了，」她說。「想去的人多的不得了。」

甚至連超級高檔的私人俱樂部「波羅」（Polo Club）（簡稱「Le Polo」，1892 年由侯胥傅柯子爵〔Viscount de La Rochefoucauld〕創辦於巴黎的馬球俱樂部）也不免俗地在他們偌大的游泳池裡設置飛輪，儘管會員們大感苦惱。「我們是去那裡游泳的，」一位會員告訴我。「那些飛輪讓人很困擾。」

要活就要動

法國女性，尤其是熟女，對運動的看法和我們真的不同，她們運動時不會斤斤計較是否能「一分耕耘，一分收穫」。我一直認為法國女性純粹是喜歡運動，加上她們總是把走路和騎車併入生活當中，光這點就絕對讓她們能「默默收割」。

騎單車帶給她們莫大樂趣，我常看到巴黎女人騎著單車迂迴穿梭於忙碌街道上的車陣之中，裙襬飛揚，沒戴安全帽，一臉閒適滿足的模樣，彷彿正享受大好人生。而我倒是看得提心吊膽。

至於球類運動，在法國普遍盛行的是網球，高爾夫球受歡迎的程度也與日俱增，另外，在我們這兒，騎馬夯得不得了。這兩種運動都很有娛樂性和社交性，而且有助於消耗卡路里。我沒必要補充這裡的高爾夫球場是沒有電動車的吧？我向法國朋友提到高爾夫電動車的時候她們深感困惑。我有三位朋友在上高爾夫球課，其中一位在丈夫的慫恿之下將要參加比賽。

「我不喜歡競爭，因為我真的是個很差勁的選手，但我又同時相信，比賽應該對我有幫助，」她說著有點衰弱地嘆一口氣。「我一直告訴自己，多呼吸新鮮空氣會帶給我莫大的好處。」

　　過了某個年紀之後，多數打網球的法國女性會改成玩雙打——最好是男女混雙，這樣比較有趣，還能少跑一點。想辦法增加樂趣，就是法國人一貫的做事態度。「兩對夫婦激烈地競爭同時還開懷大笑，簡直太有趣了。」一位友人告訴我。「我們像孩子一般，玩得忘我，這種感覺真棒。」

　　大部分我這個年紀的女人，喜歡在戶外運動，以便呼吸到新鮮空氣。很多人認為在健身房踩飛輪很愚蠢，不過她們可能都願意做些墊上運動出點汗。她們雖然不是刻意要排除室內健身，但內心不斷渴望和大自然接觸，也許這是因為法國的務農傳統。她們相信，深吸一口鄉間空氣可以讓自己保持青春活力，認為和大自然水乳交融具有抗憂鬱的功效。

　　我參加過的大型鄉間周日午宴，都會在喝完咖啡之後展開一段漫長的散步。

　　離我家不遠的杭布宜（Rambouillet）森林，是保留給法國帝王專用的美麗狩獵場之一，每個週末，我都會看到一家老少在蜿蜒小路上騎單車，通常都是以祖母親和母親為首，後面跟著一排不同年紀的小朋友，彷彿母鴨帶小鴨，真是可愛。

採蘑菇

法國女性不僅僅要她們的孩子每天食用新鮮水果和蔬菜，還要她們盡可能經常呼吸新鮮空氣。「深呼吸」（Aeration）是法國養生美學的一環，散步的同時，夏天可以採野莓，秋冬可以採蘑菇，這都是世代相傳的週末家庭消遣活動。

採摘蘑菇在法國鄉間是受到極高尊崇的活動，法國的每一間藥局都會免費提供諮詢，教導民眾如何分辨哪些蘑菇可以食用、哪些有毒。蘑菇迷們在森林裡擁有各自的隱密角落，每年都在枯葉和苔蘚橫生的地面找蘑菇，絕大部分的人從不洩漏自己的尋寶地點，但他們會分享戰利品。有一位很好的朋友，每年寄給我至少四到五次的野生牛肝菌（cèpe）。她的蘑菇寶藏地點是她最珍藏的祕密，我也連帶獲益，真好。

除了將運動併入日常生活當中，法國人的家庭假期，多半都是圍繞著戶外活動做規劃，多數法國小孩才剛學會走路，就被帶去滑雪坡。我女兒常跟著朋友到他們家在瑞士的小木屋去滑雪，她的學校也會安排滑雪郊遊。我先生有個醫生姪女，五十歲出頭，她們一家五口一年會計畫兩次滑雪假期，一次在三月、另一次在十二月。夏天的時候她們會在比亞里茨（Biarritz）附近租房子，全家一起到那

裡玩風帆衝浪。此外，週末時她在鄉間騎單車，而平日，她會在下班後到她家附近一座奧林匹克等級的游泳池游泳，一星期游兩次。

有些家庭每年固定到布列塔尼度假，他們相信海水和呼吸當地的空氣可以預防傷風感冒一整年。我先生就深信不疑，他宣稱這是小時候他家只離大西洋幾碼遠的原因之一，他母親堅持夏天一定要去布列塔尼度假，就是為了全家的健康。和現今數以千計的祖母和母親們一樣，她相信布列塔尼的海風是讓孩子一整個學年度都不會感冒生病的祕方。

我的朋友伊迪絲自己規劃了一個運動方案，包括每天游泳（在她鄉間別墅的游泳池），接著做蒸氣浴（她家也有），騎單車（但她不敢在巴黎騎），冬天去滑雪度假。一星期五天看珍芳達的 DVD 練健身，運動完後她吃兩片塗了蜂蜜的六種穀物吐司、豆優格（她不吃奶製品）、綠茶，和一把前晚已經泡水去皮的杏仁。她待在巴黎時到哪兒都步行，只有絕對必要時才坐地鐵。

伊迪絲每個星期天吃完午餐，就會整裝出發散步。無論當時是下大雨或出太陽、下雪或融雪、勁風或冰雹——任何狀況都不能打消她出門呼吸新鮮空氣的堅持。要是朋友抗議，她就拿出防水衣、雨衣、手套、圍巾、襪子甚至不同尺寸的靴子。靴子太大？「來，多穿一雙襪子。」反

正，不允許任何藉口。走路回來之後，她會賞我們喝茶，
給每人一塊燕麥餅乾，還有，也許，只是也許，兩塊可可
含量至少 70% 的巧克力。

動起來！

　　最近我在電視上又看到一個從螢幕下方跳出來的警
語，不是那些要人們兩餐之間不能隨便吃東西，嘮叨天天
食用五蔬果的標語，這次是：「Bouger！」也就是「動起
來！」

　　www.mangerbouger.fr（健康吃快樂動）這個網站不是
很有設計感，不過可以讓妳大致了解法國人對於飲食和運
動的想法。網站上有一塊專區，叫做「50 Ans et Plus」，
就是「五十歲和五十歲以上」。妳不需要懂法語才能看，
光瀏覽一下，就能了解它想表達的事情。

　　從法國人的日常生活作息，我們可以學到許多東西。
我到家後面的田野遛狗時，發現很多野莓，於是我和狗狗
快樂的玩耍後，還帶了一整籃的野莓帶回家。在沒有莓果
的季節，我則會在散步時撿壁爐生火用的乾枝枯葉，我的
狗會幫忙背。我很愛同時處理多項任務，這種邊閒晃邊運
動邊工作的方式，很法式。

法國女性就算是做休閒打扮，
也會要求衣服合身。
沒曲線？不能接受。

　　我在健身課上看到的法國女性，她們的穿著不外乎下
列幾項的組合：緊身褲，俐落的直筒瑜珈褲，Ｔ恤或運動
背心，還有運動鞋。通常法國女人會在合身的上衣外面罩
一件開襟外套。

　　偶而也有女人穿運動褲，或是法國人說的「美式慢跑
褲」，但不同之處在於褲子剪裁合適，不寬鬆下垂。沒那
麼緊，但也不會大到像軍裝。

　　法國女性不會選擇粉色系或螢光色系去健身房或跑
步，她們偏好水手藍、黑色、灰色，搭配白色素Ｔ恤或背
心。文字Ｔ從沒出現在她們身上過。

* **注意：**屬於運動系列的任何服裝都不會被當成可以出門上街的裝束，運動鞋和跑
步鞋也一樣。法國女人若要出門，一定仔細打扮。

CHAPTER

7

面對衣櫃難題
Confronting the Closet
Conundrum

開疆闢土

啊，如何營造低調的美，我花了這麼多年才破解。
為什麼法國熟女總是看起來很瀟灑、充滿女人味、充滿自
信、自在舒暢？

究竟她們的衣櫃有什麼神祕的法寶？照理說，我們買
到同樣產品的機會是相等的，可偏偏我們就無法組合出相
同自然從容的效果。為什麼呢？

答案其實有跡可循，而且近在眼前，然而在我破解這
個祕密以前，和許多人一樣，最後總是只能無奈的說：「說
不上來。」法國女人這「說不上來」、卻令人心曠神怡的
東西，到底是如何運作在衣著上的？

　　有一天，我靈光乍現，恍然大悟一個道理：法國女人喜歡被看！

　　別管這句話是不是看起來怪怪的，這可是一位十分優雅的法國熟女親口說的。

　　我和這位女士簡短會晤時，一位法國男士正熱烈地說著他對法國女人的諸多見解，有關她們如何打扮得很時髦，怎麼「穿得像自己」來悅己並悅人的作風。

　　我們大部分人在大部分的時候，受到注意多半會稍稍不自在。雖然我們想要被稱讚，包括我們的風格品味，卻並非真的敢「走出去」站在舞台上似地讓人鑑賞。但法國女人敢。她們知道自己會被品頭論足，也接受這個事實，並為此做準備。

　　有一些不是法國人的女人（是妳嗎？），以為別人看不見她們大喇喇地頂著一身汗出門，沒有化妝，綁馬尾，穿一件直筒文字 T 恤──實在錯得離譜。我們就這樣為自己在鄰里之間、雜貨店、百貨商場、度假勝地、家裡、每個地方，樹立了壞名聲。打扮妥當才出門表達了妳的自信，為妳贏得尊重。

　　在與人交談、面試、首次會晤的場合上，我們用話語來傳遞情感、性格、思維、或心境。而其實，我們的穿著也會傳達出同樣的事。時尚不是瑣事，而是和話語一樣，一旦發散出去，就再也收不回來的自我表現。選擇什麼樣

的穿著，就是在視覺上與人建立「即時通」。

不管是否會在路上遇到同樣的人，我的名聲對我而言至關重要，而且，身為住在國外的美國人，維護一定程度的禮儀水準也是愛國的表現。

加入態度就對了

妳很可能會想：「太好了，這種概念我接受，但要怎麼把它穿出來？那些法國熟女怎麼做的？」

除了自己觀察之外，我也直接訪問她們。解鈴還需繫鈴人，容我這就為妳道來。

想要一勞永逸地掌控驚慌失措的局面，要先具備幾個聽起來抽象，卻很基本的元素，而我保證，誰都做得到。

首先，一定要有**態度**。從裡到外，開始重新認識自己。

每個法國女人都很清楚，除非誠懇地給自己全身上下打分數，並依照其實際狀況穿著打扮，否則很難展現出色的風格。要擁有超越時間和年齡的優雅時尚，一個簡單的祕訣就是希臘哲學家愛比克泰德（Epictetus）所說：「先弄清楚妳是誰，然後照那樣裝扮自己」。

下一步是抬頭挺胸。

這兩者結合就會散發出天然的自信，也正是法國女性

的風骨。抬頭挺胸是我們大部分人都會的吧？

　　優美的舉手投足，是法國熟女往往看起來比實際年齡年輕的主要原因，除非是和男人散步或和閨密講八卦，否則她們走路會邁開步伐，抬頭挺胸，頭髮自在飛揚，沒有背著漂亮包包的另一隻手臂稍微前後擺動。她們的步伐很大很果斷，給人要去歷險的感覺。她們的動作姿態和堅定的腳步，讓一身穿著顯得很漂亮很時尚。

　　自然，這是法國女人最固執迷戀的元素，放進去，妳就得到主要配方了。法國熟女會告訴妳她「絕對沒花任何時間」梳妝打扮。她會說她從起身下床、溜進浴室淋浴，到畫好妝、穿戴整齊的全部時間是三十分鐘。她更不承認會光著身子手忙腳亂、在衣櫥前猶豫半天。我相信她，當然，除了時間那部分。不過我有位好朋友真的每天只花三十分鐘梳妝打扮，有一次我暫住在他們夫婦位於法國南部的房子，親眼見到她一連串快速的動作，結束時，她還比預定時間快了兩分鐘，她用那兩分鐘來找太陽眼鏡。

重新考慮，重新拒絕，重新塑造

　　在步入中年之前，法國女性已經對自己非常了解，穿出個人風格早就成了反射動作。她們知道最適合自己的剪

裁和顏色是什麼，除了一些小調整，並且將一些心愛的物件，如七〇年代蒐集的迷你裙，三十幾歲時穿來炫耀身材的透明小可愛，怎麼擠也擠擠擠擠不進去的阿澤汀·阿萊亞（Azzedine Alaia）洋裝送給女兒、姪女和孫女之外，她們仍然依照自己向來的喜好穿衣服。這是她們看起來年輕的原因。她們清楚優雅和可笑的分別，很多想看起來年輕的女性不見得懂這點。法國女人很自然，彷彿不費吹灰之力，在任何年紀都看起來很得體。

她們花一筆錢投資的單品，大多會穿很多年。不過，我們坦白說，她們可以持續穿這麼多年有另一個原因，那就是她們穿得下，即使體重改變個二到四公斤，或甚至容易變胖的地方和年輕時不一樣了。必要時她們會找信任的裁縫師稍做修改，這是好衣服的另一個優點；它們通常在縫合處或摺邊留有調整的空間。

在她們的衣櫥裡長久受到青睞的衣服包括 YSL 的黑色皮質鉛筆裙（或者，類似款式、更符合預算的 agnès b.）；夏天穿的鄉村風上衣（peasant blouse）；各式各樣的外套；什麼年齡都適合的黑色小洋裝——每個女人自有她的最愛。如果她很幸運，她很可能擁有一襲香奈兒套裝，到這個年紀她可能不會再穿全套。她會穿裙子搭高領毛衣、白襯衫，加上一點趕時髦的配件。她穿的皮夾克充滿女人味，雖是年輕時穿的，她也不會全送走，拿來搭香奈

兒的裙子出奇地好看。至於香奈兒開襟外套，別忘了，哪有什麼和開襟外套不能搭的？牛仔褲、皮裙、緞面晚裝長褲……什麼都行。

皮裙，可能是她存了一整年的錢才買的，和隨便想到的什麼衣服都可以搭——它是經典，但絕不會和皮夾克一起出現。鄉村風上衣也不該配相似風格的裙款，而是搭白色牛仔褲，更顯出清新好氣色。米白色軟皮夾克搭灰色法藍絨裙，白色襯衫或高領毛衣的組合，反而意外地從小細節（法國女人最愛說的）當中流露出「搖滾」的味道。蒐集剪裁合身的 T 恤是基本功課，還有高領及 V 領的喀什米爾羊毛衣，和幾件式樣俐落的白色襯衫。

香奈兒設計師卡爾・拉格斐（Karl Lagerfeld）說過：「從妳已經擁有的東西裡，發明新的組合，即興創作，讓自己更具創造力。不是因為妳必須這麼做，而是妳想要這麼做，不斷進化是唯一的出路。」

法國熟女能將自己最愛的衣服「再造」。想擁有不斷進化的優雅，就要學學她們舊混新，或改造舊裝的功力。

拿一直都是經典的鄉村風裙款來說吧，法國熟女會穿它搭配 T 恤或襯衫。想突顯腰部的話，可以綁一條絲巾當腰帶，或用寬版皮帶，甚至用緞帶都行。最後配上草編鞋（espadrilles）或露趾涼鞋，這就是一個成年人的打扮。其實，任何年紀都能這樣穿。

我有一位認識了快三十年的美麗朋友，經常穿一件YSL的紫紅色棉質長擺「旋轉裙」——我女兒小時候的說法。一年夏天，我打算好好數數她有多少種搭那條裙子的方式。無論在巴黎、鄉間，或商店、婚宴，星期天的花園午餐，孫兒們的洗禮儀式，還有非正式的、以及比較時髦的晚餐派對，她都能將這件裙子穿得很得體。我當時真的拿出紙筆記下了她怎麼穿：

1) 用大張的愛馬仕（Hermès）絲巾綁成的露背背心。

2) 白色府綢襯衫，尾端在腰間打結。

3) 白色棉絲混紡復古短版夾克。

4) 淡粉紅的紳士風牛津布直排扣襯衫，塞進裙子中，腰間繫上黑色寬版皮帶。

5) 彩色絲質條紋背心——上面也有和裙子一樣的紫紅條紋。

6) 黑色絲綢背心。

7) 她穿了一輩子的，一件很漂亮的璞琪（Emilio Pucci）印花經典上衣。

8) 粉紅和白色相間的寬條紋府綢襯衫，塞進裙子，腰間繫一條海軍藍的寬版羅緞緞帶。

9) 剪裁類似背心樣式的白色無袖上衣。

10) POLO衫。

11) 海軍藍麻質短外套。

12) 白色大波浪紋上衣。

13) 鄉村風繡花上衣。

14) 棉質的兩件式上衣：一組海軍藍、一組粉紅。

15) 白色網眼緊身胸衣外罩白色麻質短外套。

　　她穿那件裙子的方式還遠遠不止這些，九月下旬當天氣變得清爽涼快時，她套一件黑色喀什米爾高領毛衣在裙子外面繫上皮帶。她的配件是花許多年的時間蒐集的，而且始終只在減價時購物。她至少每個月會去一次折扣大賣場，和一、兩間她很喜歡的商店，隱身在不知在哪裡的無名街道，她會去為自己和女兒尋寶。

　　冬天時她的服裝重點是黑色，不過我猜紅色可能是她的最愛，她用它突顯黑色。她的最愛之一是讓人愛不釋手的紅色開襟長外套，我送她的，有紅色天鵝絨的衣領、衣袖和細繩飾釦。從上面的清單可以看出我的朋友肯定非常偏愛短外套。她有一件海軍藍的西裝外套，但只搭牛仔褲。有時她穿紅色牛仔褲。

　　瀟灑勉強可以解釋成「漂亮時髦」，但我覺得這個說法還不夠充分。瀟灑不是從被名牌服飾堆到爆的衣櫃裡迸出來的——沒那麼單純。瀟灑和金錢無關。瀟灑是突破高調與低調、新潮與傳統的氣質，映現出一個女人的風格，

也就是她的性格。法國女人會問自己，何必嚮往時尚雜誌裡的圖片、某個品牌的廣告，或是一個花錢找造型師為她穿衣服的女演員？模仿不是她學習的方式。「那些圖片裡的人又不是我，」她會這麼說。

我和瑪麗莎·貝倫森在巴黎某家咖啡店喝茶。她從一個無名女郎變成偶像，一路走來，成為全球最佳衣著名單上的常勝軍。她給予風格一個特別貼切的觀點。「我吃驚的是，有些女人把衣服一件件配成套，還做了張穿什麼衣服、搭什麼配件的清單。我猜她們是不想犯錯。」她說：「我不懂，難道是那樣子生活比較輕鬆？」

我認識一個看起來相當成功的女士，她出門都穿造價昂貴的高級訂製服和名牌時裝，加上可想而知的各式配件，可是她穿起來根本不「自在」，也不好看。她精心修飾的外表毫無生氣，即使經過一番努力和品牌的加持，她的個性和她的風格，很遺憾竟然都沒有表現出來。她每次出門都要女傭幫她照相，不僅是為了確認達成使命，更是為了避免再穿同樣衣著見同樣人的失誤。

我的朋友安也用同樣方法安排晚宴派對，以免朋友吃到同樣的餐點。她用一本大本記事簿保存所有晚宴的菜單，還有每次餐桌擺設的照片和受邀者的名單。身為她的賓客，我們總期待著每次都不同的美食和擺桌設計，同時非常感激她的用心。

　　貝倫森說她從不去想每天要穿什麼衣服，她不相信自己「曾經有兩次用同樣方式穿搭任何衣物」，也不認為需要把服裝預先配成套。她知道怎麼用充滿樂趣的角度去完成穿衣打扮，她享受那番過程，以及當她望著衣櫃，腦海浮現新點子的時候。她的衣櫃會自動給她靈感。

　　「穿衣服不是負擔。」她說：「參加大型晚宴時我的確要事先想一想，除此之外我只是打開衣櫃，抽出讓我開心，反映當下心情的衣服。」

　　她沒辦法想像打扮這件事會引起焦慮。

　　在我搬到法國之前，或是出差回美國的時候，我經常為了想要避免被發現經常穿同樣衣服，而感到很恐慌。可是法國女人聽到「我喜歡看妳穿這件洋裝」這種恭維時很滿足。貝倫森笑了起來，說：「是這樣沒錯。穿搭的重點不是一直買新衣服，而是要妳穿上自己喜愛的衣服時感覺自在。這才是一個女人擁有了風格的時刻。」

維持基本色調

　　我們就直說了吧：打造一個完美的衣櫃需要「時間」、「紀律」──喔，是的，又是這兩個詞，還有，一番大計畫。沒有這些，一切都會一團亂。一團亂製造壓力，壓力

導致皺紋。這樣說夠清楚了嗎？

有一天，我遇見一位看不出年紀的女性，她由上至下穿戴的是：亞麻色輕薄毛衣T恤（我猜是喀什米爾毛料）；大串金項鍊；褐色仿竹節軟呢短外套，腰部改窄了；巧克力色及膝長皮裙；深棕色厚絲襪配同色麂皮中跟靴。正好及肩的金髮，隨性俐落。她幾乎是小跑步地穿越馬路要搭計程車。想想看那一件件元素可以個別爆發出多少可能性。

我真想剝下她身上的衣服穿回家，只是她的尺寸再大也不會超過六號。哎，而且她比我矮多了。

類似的穿法誰不能穿一輩子呢？那一件件衣服換成其他基本色系的組合，像黑、灰或海軍藍，效果一樣很棒。

法國熟女的衣櫃以基本色為基礎，再用幾件充滿神奇魅力、個性十足的寶貝來加分，塑造自己特有的形象。她們懂得如何用藝術眼光和理性分析，把隨處可見的品項，鬼斧神工的轉變成獨樹一格的風格彰顯。

我在路上看到的女性，以及至少95%被我街拍的女性，無論什麼季節，或多或少都會穿基本色系在身上。夏天是白色、海軍藍和大地色系裡所有想像得到的顏色變化，偶而也穿麻質的黑色小洋裝。冬天的時候，很多人改穿黑色和不同深淺的灰色系。另外有人的基本路線是巧克力色、歐蕾咖啡色、駱駝色、烤焦色，還有重覆再三的海軍藍。

　　這些妳都聽說過了？如果沒人經常提醒，妳不見得會一直記得，所以我們重複一下算是強調吧：假設每個女人都希望滿意自己穿的衣服，想展現個性分明的獨特風格，就必須倚賴基本元素。基本元素不能色彩繽紛，這樣我們才能簡化下裝的種類，反之，我們需要很多、很多、很多的上裝。如果衣櫃裡有太多下裝，就表示有問題。三件灰色法蘭絨及膝鉛筆裙，十件黑色長褲，五件同樣剪裁顏色的牛仔褲，這有理性和效率嗎？

　　我的朋友芭蓓開了兩間精品店，一間賣鞋子、皮帶和包包，另一間賣衣服。芭蓓了解女人的需求，她有許多忠實客戶是在我們這個鄉間擁有別墅的巴黎人，大部分是上班族。她們喜歡她的品味，我女兒和我也是。

　　「我採購的原則是，這些品項要能幫助忙碌的女人過一個比較從容方便的生活。她們喜歡我搭配東西的方式。倒不是巴黎找不到好貨，只是要花比較多時間。她們知道來我的店，可以找到為她們原有物件增添新意的時尚元素。」

　　她說她店裡 70% 的服裝都是基本款。「採買系列服飾的時候，被我挑到的品項裡有 85% 的基本款式，以及 15% 表現在顏色、剪裁還有局部細節變化的創意款式。」她說。

　　「來我店裡光顧的客人都有很強烈的個人風格，她們很知道自己的愛好和需求，想清楚才花錢，」她補充。

「她們要出席不同性質的會議和晚宴，有些人在鄉村和城市擁有不同的生活型態。她們需要可以應付各種場合的衣服。」

她給我看一件傳統的煤灰色羊毛西裝外套。兩隻袖子的手肘處有黃色或紅色的裝飾補丁貼布，同樣顏色翻起衣領也看得到。「任何年齡的法國女性都可以穿這件外套去開會，它也可以配牛仔褲。」傳統卻有變化。

她的顧客年齡層介於十四歲到八十歲。其中很多人，不分年紀，都可能會買到一樣的衣服，卻可以按照各自的需求去搭配。

我提議我們來測試一下這件事。

我從展示架上抽出一件亞麻色縐紋軟呢的束腰長袍式上衣，有大圓領、一個一吋大小波爾多紅的三角形圖案，寬鬆長袖，下擺手腕處的收口讓袖子「可以往上推」，我要她「設想這件衣服給媽媽穿，又給女兒穿。」

女兒：煤灰色褲襪，黑色直筒平底長靴，棕色短皮夾克，用上衣配的腰帶調整衣服長度。

媽媽：波爾多紅褲襪，黑色短跟中筒靴，用細皮帶調整腰線到最好看的位置，還可以再配上一條絲巾更顯優雅。

如何打造一間衣櫃

對我們這些渴望來一場大掃除，希望最終可以精簡衣櫃的人，好消息來了：這件事其實不複雜。一開始會需要時間和耐心，但等到基礎建立起來，焦慮和疑惑就會煙消雲散了。

法國熟女是這麼做的——

擬定計畫：初學者可能要用紙筆來記，這是我的做法。（而且我隨時放一本軟皮小筆記本在包包裡，詳載我衣櫃裡的所有衣物。真不好意思告訴妳我買了多少次相同的黑毛衣和白 T 恤。）這個計畫，要帶我們找出衣櫃裡最實穿的衣服。

首先，要先問自己三個問題：

1) 衣櫃裡的每樣物件都能襯托我的身材嗎？
2) 衣櫃整體上能反映我的個性，呈現我想要的形象嗎？如果從未問過自己這個問題，現在該問了。
3) 我的衣櫃滿足我的需求嗎？我可以隨便伸手就找到適時適性又讓我穿得每分每秒都很愉快的衣服嗎？這樣才能真的「穿出自己的生活風格」。

在妳打起精神，準備要來組裝一個神奇的「完美衣櫃」時，還需要考慮一件非常重要的事：法國女人的衣櫃裡都是不會退流行、而且百搭的款式。她們知道自己穿哪

種剪裁合身好看，在服飾店的試衣間裡，就必須要想清楚這件衣服是否能穿得長久。考慮周詳之後，她們也許會放膽同時買下樣式新穎的外套，或者，換換心情買條摺裙讓自己開心。只有新衣服和現有的衣服能夠完全搭配時，她們才敢放手買。

一點不同的小細節，可以讓基本款式表現新意。

再看看拉格斐說的：「買妳尚未擁有，或妳真正很想擁有，又可以和妳現有衣物混搭的品項。妳買是因為這麼做很興奮，不只是買一樣新東西而已。」

任何人隨便找都找得到幾百種不同的灰夾克，幾千種不同的白襯衫，數不清的黑裙，還有天曉得多少不同剪裁的牛仔褲。

法國女人經常擴展更新她們屬於基本色系的衣服。千萬別以為「那多無聊啊」，恰恰相反，那很聰明，不會老，而且永遠、永遠時髦俏麗。更妙的是，她們的穿衣打扮變得很輕鬆。在基本色的範疇裡，色調、質地和可能性的變化都多得數不清。

出忽意料的裝飾配件，譬如鈕扣、繡花、滾邊、飾條、讓人驚喜的內裡花色，可以讓女人不用改變她習慣穿著的款式，也能很有變化。為了擁有獨特罕見的小細節，法國女人願意多付點錢。

加入顏色

我在巴黎和居住的鄉村四處（為了捕捉兩種截然不同的服飾打扮），拍了些街頭照放在我的部落格，讀者通常會問：「亮點在哪兒？」通常在配飾。法國熟女們偶而也會經不住鮮豔衣裳的誘惑，但是有節制的。照芭蓓的估算，法國女人穿搭完畢後，若有色彩鮮豔的部分，也頂多只佔整體的 15%~20%。

而她們選擇加入的顏色成分，必須能襯托（提升）所有她們擁有的基本色衣服。酌量的橘色和任何顏色都能搭，因此，橘色夾克或裙子或許正合所需。此外，克萊因藍（klein blue）是法國人的最愛，放在基本色的衣櫃裡絕對沒問題。

夏天穿花卉風的洋裝？有何不可？但絕不是大朵大朵的花，而是復古英倫風的碎花圖案。布根地紅、卡本內紅或波爾多紅，哪有什麼基本色是和它們配不起來的？不過我想，如果女人們打開衣櫃，卻看到一個儲酒櫃，無論多熱愛紅色系，久了也會沉悶的。

我閒晃時偶而會注意到，在法國街頭較常見的、對基本色宣言的一大例外——以粉色系做為主色調或輔助色調的冬天外套。穿的人通常是法國熟女，她們常年一身上下都是基本元素，冬天時自然會想在灰暗來襲的月份為衣櫃

增添一些熱情。

那麼，一開始就以繽紛色彩做為衣櫃的基礎可以嗎？絕對不行。

只有以基本色做基礎的衣櫃才能為投資帶來大豐收。

妳想想看嘛，亮色系和不對稱圖案？不搭。反之，任何女人任何時候要是都能從衣櫃裡抽出一件基本色系的衣服，就能在最短時間內、完全沒有歇斯底里的狀況下，將自己打扮起來。自然而然，沒有混亂，沒有壓力。

有時候，一個鮮明的顏色配上單一圖案就足以大聲疾呼：「不錯，我有充分掌握這一季的潮流。」法國女人不是時尚的奴隸，但也絕非對時尚一無所知。她們喜歡打一針最新和最潮的振奮劑，但絕不縱情於一時流行。

三個問題

在開始大肆整頓之前，首先問妳自己，**我是否能將環境整理的有條不紊？**

妳一定要誠實評估自己的衣櫃，抵制、解構、重建。不管這些我們聽了多少次，內心深處也知道真的該開始了，畢竟還是不容易。但是，即便很困難還是要決定，情感上無法割捨的還是得割捨。

到我們這個年紀，穿什麼最好看自己應該都清楚。很明顯，就是那些我們穿了又穿，買了又買，受到最多恭維，而不是掛在衣櫃裡從沒穿過的衣服。如果妳不確定，弄清楚永遠不嫌晚。找一片鏡子（最好有三面），一個眼光很好並且很挑剔的朋友，或者向私人購物專家諮詢，一流的百貨公司都提供這種免費服務。有了這些幫助，再面對那一大堆衣服時，任何不確定性都能瞬間蒸發。

真可惜沒有「法國朋友租賃」這種服務，可以讓我們請一個犀利的法國時尚女性來為我們精簡衣櫃、理出頭緒，我們很可能會被她批評得體無完膚，法國女人在這方面有「過人之處」。

接下來要問的是，**我的衣服呈現我的個性嗎？**

穿衣打扮是我們對外在世界宣告自我形象的第一句話，應該要好好把握這個表達的機會，妳不覺得嗎？根據專家研究，我們在五秒內就會在別人的心中留下揮之不去的第一印象。

最後要問的是，既然我的品味在衣櫃打造工程裡扮演重要角色，我擁有的是自己需要和想要的嗎？**我的衣櫃善盡其能嗎？能代表我嗎？**

如果一個女人在家工作，不管是自由業或帶小孩，或

離開職場正在探索新方向，她也許自以為沒必要「把衣服穿好」。Non，Non，Non。一個女人展現最佳自我是永遠馬虎不得的。法國女人絕不會忘記她們是在為另一半、兒字輩、孫字輩建立標準。她們更知道穿衣打扮是提振精神的大補帖，光是觀察往來街上閒逛漫步的時尚巴黎人就足以令我大感振奮。

合身、合身、合身

在我細心觀察法國女人多年之後，我還發現，最近我的朋友們穿衣服的方式稍微改變了，不像以前穿得那麼緊身。

青少年時期到二、三十歲的階段，法國女人比較中意非常貼身的剪裁。一年一年過去，身體上每個部位也慢慢放寬了，她們身上的衣物不再緊裹著身體，而是溫柔地環繞它的曲線。「曲線」是關鍵字，幾乎等同於法國人認為的「女性化」。妳第一眼看到法國女人穿長褲套裝也許會覺得那樣很男性化，但妳再仔細看，就會發現外套的裁製展現出女性線條，而如果她的上半身尖挺飽滿，或她剛做了成功的磨皮去疤手術或中胚層療法，那麼外套裡面很可能只有蕾絲內衣或沙沙作響的塑身馬甲。

　　我認為有史以來最具雄性氣概的服裝是男性燕尾服，但 YSL 將它搖身一變改成有史以來最性感、最女性化的晚裝。這套燕尾服，或法國人說的「吸菸裝」，依照女性的身材弧度重新設計，突顯充滿女人味的曲線。

　　說到這裡，我想到其實大部分法國熟女應該都擁有一或二套燕尾服，或許一套是深午夜藍而另一套是黑色，可以上下單穿也可以整套穿。效果如何妳可想而知。譬如，外套搭黑色牛仔褲、白襯衫或 T 恤，長褲搭黑色高領……妳明白的啦。

重塑、延伸、發揮

　　法國女人喜歡穿洋裝，尤其在夏天，和我們不同的地方是，她們不會在月曆一宣布秋天降臨就忙著開始換季。相反地，她們別出心裁地轉變穿洋裝的方式，藉此延長它們的季節壽命。她們在無袖洋裝外面套上高領毛衣，將光溜溜的雙腿穿上深色緊身褲，換掉涼鞋改穿矮跟鞋或芭蕾舞鞋。更勇於嘗試的人，打破規則穿緊身褲配涼鞋。（她們穿起來就是好看，能說什麼呢？看上去是有點古怪，但不會難看。）有些人更將洋裝搭經典長袖毛衣或有扣開襟毛衣，一般這樣穿的話，還會綁上皮帶，穿成裙子，或是搭

牛仔外套，收斂一點夏天穿洋穿的輕盈感。而在氣溫飆高的月份裡被不甘願地收進櫃子深處的圍巾，也在此時飛奔而出。

十月初一個陰霾的日子，我匆匆走進芭蓓的店裡，芭蓓當時正穿著夏秋之際的自創混搭：海軍藍的棉質襯衫洋裝，暗海軍藍的緊身褲，棕褐色的一吋粗跟綁帶中筒靴。因為天氣有點冷颼颼，她套上一件深V領棕色開襟毛衣，上面別著一枚紅色軟絲質罌粟花「胸針」，這是她為店裡採購的秋冬單品。（佩戴罌粟花的開襟毛衣是兩者搭配一起出售，這就是細節啊！）她還擦上和罌粟花一樣顏色的指甲油。

這些女人怎麼做到的

任何見過或認識瑪麗莎・貝倫森的人都絕對同意，她那富有個人表達的風格，儼然就是時尚魅力和獨特不凡的終極指標。她多半住在巴黎，大家以為她是法國人，其實她不是。

她父親是美國職業外交官，母親有伯爵爵銜，身上流著義大利、瑞士、法國、埃及的血統。再者，大家都知道，她母親的母親是超現實主義的啟蒙大師愛爾莎・夏帕

瑞利。有人說她出生就是明星，而且是自然典雅的時代性代表人物。她的特質的確反映出所有妳想像得到的法式理想：言語不疾不徐，舉止無懈可擊，風姿綽約，氣質嫵媚，以及最不可少的，原創味。

貝倫森愛好色彩。我們看過她偶而穿基本色，但她的格調比典型的法國女性更有變化，這也許是來自義大利的傳承以及母親與祖母的影響。不過，還有另一位重要的女性，不僅也影響了貝倫森，甚至催生出她那多采多姿的時尚事業，那就是永遠的時尚教主黛安娜‧佛里蘭（Diana Vreeland），即是那位讓《Vogue》雜誌蔚為風潮，實至名歸的傳奇編輯。爾後她轉戰大都會博物館，在那裡舉辦了一場又一場，眾星雲集的高級服裝秀時尚社交晚會，觀看這些人的穿著真是空前享受。

從我們的訪談中很清楚地看到，貝倫森對風格觀察入微，就像她在早上自然地穿衣打扮一樣是天生的。

「法國女人擁有自我意識，」她說。「她們了解穿衣服等於穿個性。我看美國人滿腦子就想追求某種程度上的完美，法國女人不會。如果妳對自己感覺自在，妳不需要無止境地換衣服、買衣服。妳看起來很美，妳就是很美，和衣服沒有直接關係。」

貝倫森不得不承認風格的本質是與生俱有的。「將個性擺在衣服上需要勇氣，」她說。

　　她懷疑很多女人可能不夠了解自己，因此錯過了屬於自己的獨特風格。在一篇時尚雜誌報導當中她曾思忖，真正的個人風格也許正逐漸消失。

　　「我感覺很少人擁有真實的風格，真實的個性，真實的美麗。如今我看到的每個女人的樣貌，多多少少都有點迷失。」

　　她說的有道理，我想為妳再一次強調她對找出個人風格的建議──要先了解自己。

　　我認為，接受「風格等於個性」這件事，是能夠擁有風格的第一大步。我認識很久的法國女性，以及藉著寫這本書才認識的女人，都是透過她們的衣服和配飾來展現不同的個性。

　　安‧瑪麗‧德‧迦奈（Anne-Marie de Ganay）在巴黎被當作時尚風潮的佼佼者，在與她度過一個下午，並造訪她如巨大洞穴般的衣櫃之後，我不僅明白何以她有如此名氣，也了解了箇中學問。

　　很遺憾她的作法祕笈對我們來說可望不可及──她有令人超羨慕的高級訂製服系列，妳也知道，這些衣服的要價往往等於長春藤大學的學費。不過沒關係，這些訂製服的旁邊依偎著她從巴黎街頭市集（妳絕想不到離蔬菜攤幾步遠可以找到什麼稀奇的東西），和 Zara ──她宣稱這是她「最愛逛的地方」，搜刮回來的寶物。有時她也愛去法

國 Monoprix 百貨。我們都愛 Monoprix，它可說是一個比較小型，比較時尚，比較精緻，非常法式的平價百貨。在這裡，當妳發現所有東西都買得起，包括那件很棒的喀什米爾羊毛銅扣肩飾「marinière（水手條紋 T 恤）」，妳會高興得跳起來。

「我曾改變自己一貫的造型嗎？」她自問。「沒有，說老實的，我不覺得有。我的衣服都來自不同設計師，在 Zara 找到的小夾克，或者像最近找到一件前胸打摺的綢緞上衣，外搭我在印度買的刺繡夾克，搭配寬鬆的緞料長褲去參加正式晚宴，這些都會讓我感到一陣小小的興奮。」

如果一個女人永遠只穿同一位設計師，從不混穿別的衣服，她不僅沒得到樂趣，而且會「看起來像假人」，迦奈如此斷言。

她的居家休閒裝是褲襪、男生尺寸的大襯衫和芭蕾舞鞋，通常還會從她那一應俱全的民族風珠寶收藏品中挑選幾樣來戴。

她也愛穿長裙，我卻認為要穿得瀟灑並不簡單，她倒是辦到了。

我剛搬到法國時因為工作的關係，認識了安・德・法耶（Anne de Fayet）。她當時是法國奢侈品集團委員會「科貝爾委員會」（Comité Colbert）的公關總監，這個機構提倡法式「生活藝術」（art de vivre），在法國奢侈品業界聲譽卓著。

我們不久後就成為朋友，多年來斷斷續續保持聯絡。她是我心目中法式風格極致呈現的化身，一個古典高貴、饒富品味的綜合體，隱約透露無比神祕的風華。我認識她這麼久，她一直身在流行趨勢之中，但絕不會被時尚牽著鼻子走。記得有一年秋天，一位美國朋友珍和我一起參加一個雞尾酒派對，我們自認穿得時髦體面──老天爺，畢竟我們算是住在法國夠久了，當然知道參加雞尾酒派對要穿什麼，然後，法耶出現了。她穿了一件入秋新出爐的流行洋裝，精緻又低調，不故作姿態，簡約，素淨，高雅；還想要求什麼？珍和我交換一個「她又贏了」的表情，沒轍，我們去喝第二輪香檳吧。

法耶證明了在時尚圈要想「跟得上」最新最潮的款式不能沒有長期投資。距離那次雞尾酒派對至今至少十年以上，但我相信她還在繼續穿那件洋裝。

我們會面小酌，打算為了這本書討論時尚、典雅和魅力的那天，法耶的穿著是煤灰色法蘭絨鉛筆裙，淺灰色長袖喀什米爾羊毛T恤配一吋寬的棕色皮帶繫在肚臍處，淺

棕色無領皮夾克，黑色不透明褲襪，黑色平底芭蕾舞鞋，和一條我認為是天然的、像泡泡糖球一樣大的灰珍珠項鍊。

我們的話鋒一轉談到法耶對於風格的看法。她說重點不是衣服，而是衣服包著的那個女人。「過度講究傳達的是不安全感，」她說：「一個女人的優雅可以透過這麼多元素呈現，絕不能單憑穿著定論。不是衣服讓女人看起來優雅，是女人讓衣服看起來優雅，是她的一舉一動，一言一語，上妝時輕巧的手勢，美麗的秀髮，和恰到好處的髮色，細節訴說了一切。」

是啊，魔鬼往往藏在細節裡。

正如設計師聖羅蘭（Yves Saint Laurent）所言：「這麼多年來，我領悟到一件衣服的關鍵，是在於穿它的女人。」

我請幾位我訪談的女性說說她們怎麼從零開始打造一個完美的衣櫃。換句話說，如果我突襲她們的衣櫥拿走所有東西，逼得她們重新買基本行頭，她們會怎麼選擇？這是法耶告訴我的答案：

1) 兩條裙子，「可能是直裙，」一條灰色、一條黑色。
2) 一套裁縫考究、深咖啡色的褲裝。
3) 一件苔蘚綠天鵝絨夾克。
4) 灰色長褲。

5) 黑色喀什米爾羊毛兩件式上衣。

6) 經典喀什米爾羊毛套衫，灰色和黑色，加上同色
系同材質的高領毛衣。

7) 棕色皮夾克。

8) Levi's 牛仔褲。

9) 亞麻色緞面上衣。

10) 兩件大尺寸棉質襯衫，剪裁像男士襯衫。

11) 那件穿了十年的黑色小洋裝。

「我不喜歡色彩，所以我的衣櫥裡看不到太多顏色，」她承認。她和她的同輩人一樣也去 Zara 買衣服，偶而去 Mango。我們似乎都贊成 Monoprix 的喀什米爾羊毛 T 恤是不錯的短期投資。這也算是不用打劫銀行就能以合理價位買到當季潮色的方式。

我和裘娜菲耶芙認識的時間和我住在法國一樣久，我定居下來不久之後，在一位共同朋友的自家晚宴上認識了她。裘娜菲耶芙和她的家人在離我家不遠有一棟鄉間別墅。她很引人注目，和法耶一樣，他們是好朋友，她的衣著也是極致的簡約風，但簡約之處不盡相同。她的風格少了一點點淡然，比較精確，沒有那麼「悠哉」（décontracté）。

她邀請我到她巴黎的公寓去邊吃中飯，邊談談她對風

格的想法。我們見面那天，一件短袖淡焦色羊毛縐紗連身洋裝輕柔地包裹她的身體，一枚大胸針雄偉地棲息在洋裝的素圓領右邊，她腳上是一雙 Roger Vivier 的棕色麂皮高跟鞋。

我考她衣櫃測驗時她的答案是這樣：

1) 套裝兩套，每套各配有裙子和長褲。
2) 兩件黑色小洋裝，一件類似我今天穿的，另一件要不太一樣。
3) 喀什米爾羊毛衫系列：兩件黑色長袖，一件高領，一件圓領，一件灰色，一件棕色，一件苔蘚綠。
4) 一件經典的、剪裁出色適當的西裝外套。

「我喜歡穿我的舊衣服，」她說。「我穿了覺得很自在，而且我對其中幾件很有感情。」

她還說：「現在的我有點厭倦長褲，所以這六個月來我大部分都穿裙子。」

請專業人士說明如何穿出 Forever Chic ？

　　我大學畢業的第一份工作是在《女裝日報》（Women's Wear Daily）雜誌，很多人認為這是時尚新聞的研究所。我們的日常任務其中有一項，是要在成衣系列服裝秀結束之後，去訪問任何有購買伸展台上衣服的買家。

　　我們的功課是要明確問出他們買下了什麼。

　　這些買家不僅看到服裝秀誇張的舞台效果，他們看著系列一個接著一個上場（盡收眼底），也同時綜觀全局，和設計師保持密切關係，並將自己的風格遠見注入當潮的流行趨勢。無論是規模精品店的時尚總監，或自有品牌的時裝店老闆，都全憑自己直覺感受到的潛力下單採購。

　　瑪麗亞・露意莎・蒲瑪尤（Maria Luisa Poumaillou）被尊為這個行業的當今教母。記者們爭相採訪她對當前最新最潮的看法，忠實客戶仰賴她的意見作為參考，將四處搜刮的戰利品和衣櫃裡舊有的服裝合為一體。

　　她和先生於 1988 年以「瑪麗亞・露意莎」創立了第一家時裝精品店。短時間內，在這個自有品牌主導的世界，她以時尚巨星的美名享譽全球。她以犀利觀點辨識最新潮流與未來趨勢，創造了一個品味個性出類拔萃的小眾精品店。最近她結束營業，傾全力打造設於春天百貨（Printemps）二樓，正陸續開展的品牌店中店。這座旗艦

百貨乃是置身於一棟美侖美奐的美好年代（belle-époque）藝術建築。

這樣的商業合作對一位成功引領馬丁·馬吉拉（Martin Margiela），安·德穆拉梅斯特（Ann Demeulemeester），赫姆·朗因（Helmut Lang），瑞克·歐文斯（Rick Owens），亞歷山大·麥昆（Alexander McQueen），尼古拉·蓋斯奇耶爾（Nicolas Ghesquiere），克里斯多夫·凱恩（Christopher Kane）等許多品牌的潮流女推手，真是再理想不過了。

為了訪問她，我到她的辦公處和她會面，那是一個晚春的日子，她穿黑色絲織長褲（三年了）；她自己設計的黑色一字領飛鼠袖絲線衫（一年了）；白色麻質反摺袖大寬領外套（六年了）；手腕上戴黑色合成樹脂材質的寬版銬腕手環；寬版黑色皮帶（八年了）；頸上戴一條用黑色皮繩串在一起、長度幾乎碰到皮帶扣的珍珠灰大貝殼長項鍊；箍狀耳環；黑色低跟中筒靴；黑色太陽眼鏡；很紅很紅的唇膏。

看吧，經典卻不過時。她這一身的所有元素有些可能給人感覺不靈活、單調、沉悶，但整體印象卻是一股慵懶的時髦。差別在衣服的剪裁。

我喜歡蒲瑪尤，她跟我們是一國的，她希望衣服能討自己歡心，而不只是為了趕流行或吹捧某個設計師。

「如果一個女人對自己的穿著感到不自在，她就絕不會漂亮。」她說：「拿西裝款鉛筆裙來說吧，我覺得那穿起來感覺很『剛硬』，我喜歡『柔軟』。這麼說並不意謂我要去找那種華麗的沙沙絲綢裙，而是沒有剛硬稜角、顯露柔美線條的衣服。」

她認為我們應該多穿裙裝，和許多設計師以及時尚女性不同的地方是，她覺得要考慮穿半截裙。「特別是腿好看的女人。」她畫一件她認為我穿起來再合適不過的裙子，更突顯腰身。她畫的不是 A 字裙，她說那很邋遢。她比較喜歡裙擺長度是膝上一吋。「超過膝蓋看起來老氣，」這點她很堅持。

我問她的假想衣櫃要放什麼，以下是她的回答：

1) 輕便的喀什米爾羊毛衫：V 領和大圓領，顏色有黑、亞麻、翠綠、紅、卡其。

2) T恤：包含 debardeurs 系列，亦即無袖圓領。

3) 藍色牛仔褲，但千萬、千萬不要刷白：「這種平淡的品味還是留給少女吧，我們要穿的是深藍色牛仔褲。」

4) 府綢襯衫，一件黑一件淺藍，當然還有白色。

5) 剪裁完美的西裝外套，一件黑色，一件海軍藍。考慮預算的話，她建議 Balenciaga、Joseph 以及

Theory 等品牌。（別忘了，如果這些價格都遙不可及，那就趁機學習觀察。有時候會發生大減價的奇蹟。而且別忘了，男士西裝外套比女士西裝外套做得好，價錢也比較沒那麼高，也可以按照女生的尺寸訂製。）

6) 軟皮短夾克。

7) 顏色鮮豔的單色圓領毛衣。

8) 真絲襯衫，淺棕和黑。

9) 防水風衣：「我有一件豹紋的穿了好多年。」

10) 長裙。「很實穿，正式或非正式的裝扮都可以應付。有一件雪紡紗長裙的花樣我特別喜歡。」

蒲瑪尤另外還補充到，逛街購物時，如果「被雷打到」的感覺來襲，一時抵擋不住而手滑，也沒什麼不應該。

有些人很受民族風吸引，她並不反對，但提醒不要全付心思只想著單一風格。「妳要找適合自己，足以表現妳這個人的東西，」她說。「讓妳的個人生態自然而然的一路發展下去。」她鼓吹反身分象徵，她主張名牌時裝應該留給那些沒有安全感和有錢浪費的人。

最後，她給我們一個好建議：「不要違背妳的直覺。」我們多數人都曾經做過違反自我意志的決定，而下場就是那堆被放在衣櫃最角落，從沒穿過的衣服。

私人購物顧問的一日陪伴

寫這本書給了我動力，去一探究竟這個夢寐以求的機會：拜訪法國私人購物顧問。

我打電話到拉法葉（Galeries Lafayette）的公關部門，這是另一家巴黎的著名百貨公司，我詢問是否有人可以協助我購物，結果立刻（我可以跟妳保證在法國，「立刻」可不是每一位公關從業人員都具備的概念）我就預約到和芭思卡蕾見面的時間。我們在會面之前先通了兩次電話，她希望徹底了解我的想法。我告訴她：「我想為從四十幾歲以上的熟女，一直到超熟女打造一個十足巴黎風的衣櫃。」我同時提到這組微型系列服飾必須寬待各種身形並保有法式品味。

我挺建議各位有機會的話，一定要去參觀一趟拉法葉百貨的私人購物部門。那次我抵達的時候，芭思卡蕾已經擺好了事先穿搭完備的一座座人體模特兒，旁邊還放了更換用的衣服；陳列出來供我瀏覽的有滿滿掛在架上的黑色小洋裝、單品組合、外套、夾克和上衣，另外還有成堆的配件，以及一雙雙令人垂涎的鞋子，行軍似地圍繞著這個和百貨樓層面積等大的頂樓。俯首下望時真是壯觀！我腦子裡只想著一件事：乾脆搬進去住算了。那是怎樣的天堂啊，那個樓層還有設備完善的廚房，只為了要服務生活忙

碌的女性，提供她們更多氣力不斷地購物、購物、購物，而且她們只需搭電梯，片刻就可以到達找到她們所需任何衣服的目的地。算了，不說了——我還有工作在身。

在檢視這場大陣仗之前，我先問了芭思卡蕾她對風格的看法，理論上她為客戶精心打造的就是這個。「風格，就是展現魅力的方法，」她說：「那是一個女人走路的方式，她的姿態，她的性格。」

說來說去，我們又回到一切在於穿衣服的女人，而不是女人穿的衣服這個觀念。

芭思卡蕾為我們組裝的「凍齡衣櫃」展現了她的天分。大部分被她選上的衣服都是高價位，不過沒關係，重要的是那些衣服所代表的外觀、身材、和概念。

這點拉格斐也同意，總算讓人安心了不少。他曾經說過：「不要用『便宜』這種形容詞。今天任何人都能將非高單價的衣服（有錢人也會買）穿得很有品味。現在每種價位都各自有很不錯的設計。妳穿 T 恤配牛仔褲也可以成為全世界最有品味的人，一切操之在己。」瞧，就是這樣，一點都不難。

芭思卡蕾花招百出，讓我眼花撩亂，從令人驚喜的單品組合——金屬亮銀西裝外套搭白色牛仔褲，到流線型的修身技巧。

要看起來苗條瀟灑，她利用俐落經典的元素來達成。

她用黑色直筒皮裙搭配黑色長袖大圓領細織毛衣，外搭有豹紋內裡和圖騰反摺袖的長版風衣外套，再戴上一條透明琥珀厚圓珠雙串大項鍊，巧妙地將大家的眼光集中在風衣領口外翻烘托之下的臉龐。

然後她脫下風衣外套，我們已經知道那件外套很百搭，可以配小禮服或晚禮服，但她卻出忽意料的拿來搭配黑色棉質長褲和黑白相間的條紋水手毛衣，裡面的豹紋立刻引人注目，細節啊！

為了這次會面她臨時為一個人體模特兒穿上一生只能有一件的白色網眼棉質洋裝——不過妳得有一雙漂亮的手臂。完美的線條沿著無袖的上身往下延伸，娃娃裝的設計收腰柔和而不緊繃，整體腰線畢露，下身裙擺綻放。牛仔夾克或開襟衫可以解決惱人的手臂難題。

有如多數法國女性，芭思卡蕾真的、真的很愛白色的牛仔褲和長褲，她證明它們很百搭，包括，舉個例子，搭配金屬亮黑西裝外套，裡面穿黑白條紋T恤。

另外一個超越年齡的組合：很深、很深的亞麻色V領喀什米爾毛衣，下擺紮入棕色百褶裙腰，繫皮帶。完全不複雜。漂亮，自然。零配飾。典雅。

我們玩得不亦樂乎，會面發展至此，我自然開始做夢有一個信託基金。再看下去吧，她接著在原本的亞麻色毛衣和棕色裙上加一件黑色拉鍊開襟式厚軟皮夾克，再配一

條時髦的圍巾技巧地轉變了整體造型的氣氛。

　　她將一件再經典不過的黑色棉長褲，和黑白條紋泡泡紗西裝外套，以及白長袖 V 領 T 恤組合在一起。樣式清新又青春。

　　她接著向我證明，如果有人需要被說服的話（我就需要），牛仔外套絕對是必需品。她以兩種方式呈現，都是搭洋裝：一件是黑白相間 V 領 T 恤洋裝，領口和裙擺有紅色皮鑲邊。另一件是含有淡藍、白、珊瑚紅的淑女小印花絲質洋裝。她用一條筆直的紳士型棕色皮帶來融合對立的粗獷和溫柔。

　　我應該說過了，法國女人都喜歡白色長褲。她重新打扮了一個人體模特兒，這次她搭配的是很鮮明的亮橘抓摺深羅馬領絲質上衣。這讓我想到設計師凡妮莎・布魯諾（Vanessa Bruno）。

　　任誰都喜歡在談論「衣服」時聽到「投資」這兩個字。我問她什麼是她認為最值得買，可以穿一輩子的衣服。「一套深午夜藍燕尾服，」她說。誰不會對吸菸裝裡面的東西想入非非？幻想外套裡面只有一個光溜溜的女性身體。外套可以拿來搭配幾乎任何裙子和褲子，長褲可以單穿配上喀什米爾羊毛衫，白色紳士型襯衫。將外套搭牛仔褲，也是一絕啊。

　　芭思卡蕾明令所有人都可以，也應該擁有一、兩件西

裝外套。她接著拿了兩件出來，一件閃著金屬亮銀，另一件是金屬亮黑。喔啦啦！女人不必再傷腦筋穿什麼參加派對了。這兩件任何一件搭上燕尾服長褲，都會讓人神魂顛倒。她還證明了亮銀那件和白色長褲似乎也滿搭的。

最後，芭思卡蕾，我們女人到底該把錢花在哪裡？「外套，」她毫不猶豫地回答。（和蒲瑪尤的意見一致。）

會面時間將至，芭思卡蕾領我來到一個長掛架前，上面掛滿了林林總總一系列的黑色小禮服，什麼想像得到的玄妙差異都有。

我最喜歡的，連價錢都沒看就忍不住敗下去了的，是一件抓摺絲質的阿澤丁·阿萊亞：前胸圓領，後背V領，七分袖，抓摺的縫製從胸部下方延伸到大腿處，這樣的縫線構造修飾腰線並包覆臀部，彷彿一件不壓迫的馬甲，而流線型的摺裙擺，移動起來更顯婀娜多姿，即使穿在衣架上都想像得到穿在女人身上的飄逸感。我可以預見穿上這件洋裝是什麼感覺——致命的女人味，抵擋不住的吸引力。一言以蔽之，這是法國人對衣服的詮釋：它有力量可以改造我們，取悅我們，改變我們的自我形象，有時候，甚至改變我們的人生。

CHAPTER

8

配件軍火庫
The Essential
Accessory Arsenal

女人的必要裝備

配件的魅力難擋。它們帶給女人力量，讓她們可以淡然地，或狂妄地表達自信心和創造力、性格和瀟灑。配件比衣服更能訴說個人風格，女人要想建構一個別緻高雅兼具實用性的衣櫃並不難，只要能找到適合自己的基本元件就可以，但是加入格外獨特的配件，會為她更增添一股難以磨滅的個人魅力。

這正是法國資深美女們勝出的地方，在這塊領域裡，她們敏銳機靈地運用巧思。法國女人很聰明，她們運用飾品的方式饒富創意，儘管華麗浮誇，但卻突顯個性，看起來獨樹一格，並使老舊的物件煥然一新。而且啊，讓人驚

奇的是，配件和流行趨勢竟然完全無關。

　　配件運用得當，能讓法國女人一件黑色小禮服就穿上二十五年。（這個嘛，當然需要配合卡路里的攝取量，可能也還需要一位高明的裁縫師，因為就算她已經盡了最大的努力，還是會有需要加袖子到心愛的無袖經典洋裝，或放鬆腰際一、兩吋的時候。）

　　說真的，在不知不覺中，我也已經來到準備將袖子當配件來加的地步，而我那一流的裁縫師史奈迪夫人，知道如何加上看不到接縫的袖子，也就是除了我們兩人以外沒人會知道，那件衣服原本沒有袖子。她還有本事將 1980 年代昂貴得離譜的夾克，和大衣的墊肩修改成合身入時的風格。為了公平起見，我將墊肩也當作是配件，某種程度上沒錯吧。

　　這些雷達偵測不到的小動作就是法國資深美女們最在行的。衣服是畫布，配件是顏料，它將再簡單不過的服裝轉型成令人想回頭看的絕妙精品，滔滔宣示女主人這身裝扮裡的個性和品味。

　　報導遍及全球的時尚系列這麼多年來，我很清楚配件是幫助設計師的作品更上一層樓的關鍵元素。藉著觀察伸展台和觀眾席，我學到了細節往往才是一個系列的成功關鍵，這點即使我曾經有疑慮，現在已消除了。

我的轉變

過去我一直很羞於穿戴配件，頂多只偶而背明亮色系的包包、幾個細的金手鐲（我母親多年來，每個生日都送我一個）；一條單串珍珠項鍊（小顆的）；一條圍巾（我從不戴披巾，它會一直滑落）；紅色或亮紫藍的皮手套。問題是我沒有表達自己，我的整體沒有連貫性，沒有想像力，沒有傳達我的個性。我只是隨便戴個裝飾品，不以為意會有什麼影響。我沒有應用在法國學到的功課，而且，說實話，我錯過了很多樂趣。

那段時日早已結束。再者，幸好，可能是出於手癢，我很愛買配件，即使我每次只戴一兩樣。它們都在衣櫃裡：圍巾和披巾堆在好幾個架子上；鞋子多到說不出有多少雙；幾個很棒的包包；皮帶、皮帶、還有更多皮帶；手套；好多珍珠；一個漂亮珠寶盒，裡面完美地收藏了正品和有點價值的珠寶，個個等著被混搭出門炫耀一番；我甚至還有幾頂帽子。

現在的我變成沒這些配件過不了日子，即使只是坐在電腦前面。圍巾已經變成我的衣服的一部分，沒披上圍巾我會覺得哪裡「沒到位」。

每天，即使我出門只為了買一條長棍麵包，我的穿戴是：Créoles 經典金色箍狀大耳環；冬天、春天、秋天都

戴圍巾；我媽媽收藏的五個細金手鐲，和我的卡地亞坦克（Cartier tank）系列男錶（戴在同手腕，多有氣勢啊！）；芭蕾舞鞋或莫卡辛鞋（moccasin），有時是頑皮的顏色或豹紋，冬天時搭配顏色鮮豔的襪子；還有雷朋徒步旅行者系列（Ray-Ban Wayfarer）深茶色太陽眼鏡（我愛死它了，從不離身），而且它是有配度數的，就算我開車去麵包店也不會撞樹。

如今的我，只戴真的珍珠項鍊。不僅如此，我有多串是粉紅、灰、和白色的。粉紅珍珠和我的珊瑚項鍊混著戴意外地好看，而灰色可以搭配粗橄欖石（peridot）圓珠項鍊。土耳其石項鍊是我住在新墨西哥州阿布奎基（Albuquerque）時的收藏，那條項鍊是我的最愛，也是我親愛的婆婆送給我的，它和我的青金石圓珠項鍊搭配起來更顯精緻。藍色配藍色，太別緻了，這種搭法我以前絕對想不到。我相信我從觀察法國女人在穿搭配件的創意當中已經學會，呃，我們就說「吸收」好了，怎麼製造驚喜的組合。

買配件不需理由

香奈兒女士解放女人兩次，一次是從馬甲，一次是證

明戴假珠寶也可以有無法言喻的高尚，她還喜歡將它們和真品混著戴。法國女人不斷地在重新塑造可能性。

被混搭本來就是配件存在的目的，這樣才能讓細節發揮最大的效果，用我們有自信能掌握的元素來展現風格，而且，它們帶來那麼多歡樂。

我們買衣服往往是為了特定目的、特定場合，買配件卻可以不需要理由，我們可以假裝自己是博物館館長，四處收藏，好整以暇地尋找，墜入愛河，用靈敏的鑑賞力慢慢累積。

我最愛的法國時尚雜誌會在春季號和秋季號發行上市時用粗黑字體宣告「ACCESSOIRES（配件）」！這些刊物幫助我們篩選新聞，讓我們看到某些配件如何運用於系列服裝，又如何透過雜誌設計師的想像力被重新塑造。

法國女人和我們許多人一樣，很渴望、也會參考雜誌上的資訊。不過，法國的時尚雜誌裡，找不到具體的指南，或是那些告訴妳該做什麼的清單。

狡滑也好，顛覆也罷，但有一點錯不了：法國女人獨立思考，知道如何運用她們從雜誌裡瀏覽而來的時尚訊息來累積知識，不需要指導。我將配件類的雜誌視為「可執行」的刊物，我的女性友人也是這麼告訴我的。在我們決定是否真的需要買更多衣服之前，我們是真心想要更多配件。這些刊物也提供了很多如何利用小配件使造型有亮點

的方法。這些訊息，通常用照片就能說明，沒有冗長的文字。

好消息是，要用配件揮灑時尚才華，不需打劫銀行就能辦到——豹紋皮包、平底斑馬紋芭蕾舞鞋、萊姆綠蛇皮皮帶、銀色托特手提包、很多很多的彩色珠子，什麼都行。字典是這麼解釋「配件」這個詞的：「一個和某樣東西搭配在一起能提高整體表現的物件。」貼切！配件就是為了促進和延伸掛在我們衣櫃裡面每一項衣物的優勢。

配件往往是換季時輕鬆的第一步，大多數法國熟女的生活以基本色系為主——黑、灰、海軍藍或灰棕、棕、淺棕，諸如此類，但只要加上圍巾、披肩、鞋、皮帶、手鐲、手套、項鍊等物件，就可以立刻宣稱：「我有跟上潮流。」

當銀色手提包在十億分之一秒的瞬間變成最潮的配件時，我的好夥伴芙蘭索瓦絲，她只穿瑪麗黛與弗朗索瓦・吉爾波（Marithé et François Girbaud）這個品牌（這應該夠說明她的品味了），她挑了一個大尺寸的包包是聚氨酯材質而不是皮革製的，她因此可以大言不慚說她懂流行，只是沒興趣花大錢趕流行。

布瑞姬特是一位在我家附近的鎮上開古董店的熟識，她只戴銀製珠寶，戴很多很多。她天天將同樣首飾堆在身上搭配任何衣服，那是她的標記。

「不過我從不戴耳環。」她說。「它們跟我不搭，我沒辦法解釋。很多年來我一直很想戴 Créoles，但我戴得不舒服。我天天戴的珠寶就是我的化身，沒戴好像沒穿衣服。」

她每天的裝扮是：戴滿一整隻手臂的各種寬度和設計的手鐲、戒指、和一條或幾條項鍊。有時候她只戴一個用黑絲繩繫著的護身符；也有時候她會戴上更多幸運物和更多鍊子。

最近我和另一位熟識娜得奇一起吃午餐。她穿了一身的牛仔裝扮：白色 T 恤突顯她的鎖骨；高提耶（Jean Paul Gaultier）的淡珊瑚紅加淡棕配色長版薄上衣（也是洋裝和外套，非常好看）；以及「la pièce de résistance（最恆久彌新的一件配件）」——脖子上總是戴著一條金屬鍊，是她請珠寶師做的，上面串著各式各樣有紀念價值的寶石、文字雕刻，有些是繼承來的，有些是她的先生和孩子們送她的禮物。

「我真心的將它當作我的一部分，一整天不停地碰觸它。」她說。「做這條鍊子一點都不難，我只不過請我的珠寶師傅打一條 18K 金的鍊子，強度要能承受這些幸運物的重量，我喜歡將這些幸運物戴在脖子上，我總是戴著它搭配任何衣服。」

真的是好看得要命，而且，就像她說的，她的先生或

孩子想不出要買什麼當禮物的時候，他們就再給她一件幸
運物。每一件都比一個二十五分美金的鎳幣稍大，每一件
都珍貴親密。

現在我們已經知道，聰明而細心的規劃是法國女性時
尚生活中極重要的部分，容我更有條理地談談配件，我們
要蒐集的不只有必備基本品，也包括讓我們不需開口就能
表達自己的重要裝備。

帽子

很遺憾，除非為了保暖，參加婚禮，和擋太陽，法國
女人的衣櫃裡並沒有太多帽子。

當氣溫往下降時，街上會陸續出現可愛的針織鐘形
帽和貝雷帽。如果妳來法國，想看款式誇張驚人的帽子，
可能得參加婚禮，或比較時髦的賽馬盛事才會有機會，尤
其是在尚緹乙（Chantilly）舉行的法國橡樹大賽（Prix de
Diane），那裡大家簡直是在爭奇鬥艷。我們都很愛那些帽
子和敢戴那些帽子的女人。

迪奧家族（The house of Dior）以及其他一些設計師曾
嘗試說服女人她們會想戴寬邊軟帽（capelines），那是一種
帽緣寬闊得可以碰到肩膀的帽子，軟趴趴的。而最近四處

都看到各種顏色的巴拿馬（Panama）帽，這個流行稍縱即逝，不過，還真是可愛！

包包

法國女人的手提包和鞋子從來就不該湊成對，妳應該知道吧？即使它們屬於同一色系，她可能會選擇漆皮皮鞋，麂皮包包，運用質感落差製造效果。

說到皮包，有些人喜歡只用顏色令人側目的凱莉包，柏金包，或香奈兒 2.55 包這種顯著性來樹立個人標記。有些人運氣不錯（而且夠固執）的話，偶而在巴黎的設計師精品二手店可以找到時髦漂亮的顏色。另外其他人，往往是那些深信她們一生只會大手筆買下一款包包的人，則保守地選擇黑色或棕色。

我在巴黎進行街拍時，常遇到一位驚豔絕倫的女士，她允許我拍她的照片放在我的部落格街頭專題，我拍過她好幾次，卻從未問過她的姓名。夏天她偏好草編包，其他時候，她手臂上挽著的都是柏金包，但從來不是同一個。我猜想她八成有一整櫃的柏金包：棕色、萊姆色、淡紫色、紅色——也許更多，誰知道？另一個跟她形影不離的配件，是一條精力旺盛的傑克羅素（Jack Russell）小獵犬。

　　如果妳聽說法國人出門都拎名牌包，那不是真的，我發現法國熟女很喜歡刻意去找樣式稀奇，平常不太會看到的包包。她們大費周章去探訪名氣不大、只提供很少作品的設計師和精品店，只為了找出獨屬於她們自己的那個包。

　　蒲瑪尤之所以被譽為時尚先驅，是憑其挖掘新秀設計師的超凡天賦，以及充斥在其名下高級精品店裡，用獨到眼光挑選出的配件。她很錯愕有人會想把配備當成一種地位象徵。

　　「我不懂怎麼會有人透過一件配件去宣告『我屬於某某族群』，」她說。「我痛恨『品牌』。」

　　我們經常聽說需要乃發明之母。凡妮莎・布魯諾告訴我，成為母親後，她才創作了也許是她最廣為人知的配件──亮片托特包。

　　這個托特包如今名揚四海被大量複製。她說，當初會想到將托特包的把手布滿金屬亮片，只不過是因為有了孩子後，她一直找不到一個既漂亮又實用的包包。「我的女兒出生之後我必須帶好多東西出門──那些本來就會帶的東西，工作上我還在進行的作品，還有寶寶需要用到的東西，包括她的奶瓶，」她解釋。

　　芭思卡蕾，拉法葉百貨那位花了好幾個小時陪我玩的私人購物顧問，也提倡女人一定要想辦法找出自己的那個包，她當然也提議可以考慮設計師作品，但隨即又解釋，

其實我們有很多鬼才創意、做工精良、價格更是公道的選擇。

鞋子

說起鞋子，那可不光是「合不合腳」的問題。和我們其他人一樣，一位熟女不會去穿一雙不好走的鞋，而鞋跟的高度也會有所考量。

「我還穿很高的高跟鞋嗎？」性感內衣設計師香塔爾・托馬絲若有所思地反問自己：「當然穿，但是和以往不同的是，在車裡我穿舒適的鞋，然後我換細高跟鞋走出車門去參加派對。」

香塔爾・托馬絲將高達天際的高跟鞋留給特別活動（不如說是不用出席太久，也不用走來走去的場合），她也絕不會忘了高尚別緻、超越年齡，而且可以快步行走的芭蕾舞鞋和莫卡辛鞋。我發現七十幾歲和超過這個年紀的女人都知道芭蕾舞鞋是「實穿鞋」的最佳選擇，她們每天都在證明優雅和舒適互不衝突。

每個年齡層的法國女人鞋櫃裡，都有一系列的芭蕾舞鞋和至少兩雙的莫卡辛鞋，還有一、兩雙的高筒軟皮靴，一雙黑色、一雙棕色、一雙有跟、一雙平底。很多時候，

法國女人也可能會有一雙平底和一雙中跟的半長靴，搭配長褲或深色褲襪加裙子——任何年紀穿這樣搭裸靴也都好看，這點倒是不同於一般人普遍的觀念。

即使法國女人對鞋子很瘋狂，而且數量之多讓人有點難為情（我相信我們有些人很能理解這種過度執迷），她一定會有的基本款是：黑色小羊皮、麂皮、漆皮的高跟鞋，春夏穿的後跟綁帶高跟鞋、任何時候都能穿的裸色皮質鞋款。以她衣櫃裡的基本色系為基礎，配上強烈個人色彩的鞋子、包包、和皮帶，可以擴張出更多亮點，也可能是一個直接大膽的標記。

紅寶石色，藍寶石色，翡翠綠，紫紅，鮮亮的淡紫，萊姆綠，珊瑚紅和鈷藍，這類顏色可以給人留下強烈的印象。晚上穿的鞋子，如繫帶涼鞋，黑色緞面高跟鞋，和芭蕾舞鞋，至少要一雙有珠光寶氣的味道。她可能還有金色或銅色的涼鞋，尤其襯托她那被陽光曬黑或天然古銅色的肌膚。夏天時她喜歡穿麻底帆布鞋，平底或楔形都有，而現在她這個年紀，可能也擁有幾雙平底涼鞋是氣候溫暖的月份可以穿的。

法國女人愛惜她們的物品，所以她們依賴很多的「巧手」，即那些幫助她們維護衣服和配件完好如初，甚至可保存幾十年之久的男女師傅們。

革特先生是我的巧手之一。他是我的皮鞋師傅，但他還有更多本事。有一次他幫我保管了一雙差點被我弄丟的鞋子、將我裂開的涼鞋重新縫合、幫我換各種鞋底（換了又換），他還會幫鞋子染色。我有一雙黃色的綁帶芭蕾舞鞋，顏色變髒變醜之後，他把它們染成紫紅色，後來紫紅色也磨光了，他又換成波爾多紅。我想總有一天可以換成海軍藍，然後最後的最後，就染成黑色吧。我有一雙淺棕麂皮芭蕾舞鞋，就是這樣一路被他染成墨綠色。我們現在有固定維護的時間表：季節結束時將靴子送來給他檢查鞋跟和鞋底，順便磨亮。所有鞋子瞬間煥然一新。他真是個魔術師。

說到這裡，讓我們很快談一下這件事。運動鞋怎麼樣？是啊，怎麼樣？這還不夠明白嗎？運動鞋就是只為運動而設計的鞋。我不是不把它們的舒適性和機能性當一回事，尤其是旅行的時候，但老實講，咱們女人就不能爭氣一點嗎？有什麼比一雙「運動鞋」更能破壞造型的？

可愛野性的德比鞋（derbies）支撐性良好，包覆性完整的莫卡辛鞋也有同樣功能，它們的舒適度都不比運動鞋差。在法國資深美女的腳上，也經常可以看到 Converse 高筒帆布鞋，她們的女兒或女兒的女兒也穿。有女人味的膠底帆布鞋也很受法國女人青睞，Bensimon 是最受嚮往的品

牌，這種鞋很像以前美國人穿去露營的經典品牌 Keds，而且我有注意到，現在它們已經大幅度地跟上了時尚潮流。

珠寶！

啊，我的最愛。

撇開奇形怪狀的人造珠寶飾品不談，珠寶是個人色彩最濃厚的配件，因為它們往往是祖傳家寶，或有特別的紀念價值。這類的配件延伸一個女人的形象，更成為她的一部分。

在法國，這類具有特殊意義的珠寶配件，例如珍珠，常做為女孩子十六歲的生日禮物；或掛著幸運墜飾的手鐲，可以趁年紀還小就送作禮物（等到掛滿一整支手鐲的幸運物的確需要一段時間）；還有不同尺寸寬窄的黃金手環；和不同場合下得到的戒指。其他買的或送的主要飾品還包括金的銀的各種尺寸外型的 Créoles 或箍狀耳環，金鍊，以及，夠幸運的話，慷慨的祖先或表達愛意的情人留下來的單鑽耳環。

我的美國朋友貝爾娜在巴黎住了超過三十年，她介紹我認識了擁有一條特殊幸運物項鍊的娜得奇。她說娜得奇是她的謬思女神，她看到那條項鍊時喜歡得不得了，立刻

去複製了一條，為此她開始蒐集大尺寸的幸運飾品。娜得奇告訴她自己的珠寶師傅是誰，她也告訴了我。法國女人不分享祕密的話，好像會被講閒話，我認識的人都很願意分享。

擁有私人珠寶匠是頂級待遇，他們能將庸俗不堪的舊珠寶，改造成巧奪天工的設計品，這一前一後便替妳省下了一筆可觀的費用。

皮耶是我的私人珠寶匠，他將一枚很漂亮鑲有鑽石和藍寶石的戒指（我的某前男友送的）改造成一個很可愛的墜子，掛在一條長而別緻的珍珠項鍊上（我的前夫送的）我將這個精巧成品送給女兒當訂婚禮物。

配戴珠寶的比例很重要，我看過纖弱嬌小的女人戴粗手鐲、大戒指、粗項鍊、大胸針，看起來也都很相配。怕妳誤會，我還是多說一句：（通常）她們並非同時戴上每樣配件。風格就是這麼回事：容易辨識，卻難以分類，但絕對學得來。

記得，鏡子是女人的良友。看起來太多就是太多，要捨得用減法。

我的朋友安瑪麗極富時尚品味，她喜歡蒐集不同國家民族特色的珠寶，唯一的條件是要大要鮮豔。正好她擁有的一些傳家寶也符合這個條件，因此每樣配件混搭起來恰

到好處。「這些配件帶給人熱鬧愉快的感覺，」她說，眉開眼笑地伸手拿來一個滿滿盛著寶物的盒子。「這些我可以搭配長裙，再套一件 Zara 的上衣，就可以出門了。有比這更瀟灑的嗎？」

和我最要好，認識時間最久的朋友安曾經在巴西住過好幾年，她擁有算是我見過最獨特壯觀的、一件一件蒐集外加自己創造、改良、再製的珠寶收藏。她喜歡用大顆粉色的半寶石鑲鑽，祖母綠和紅寶石她也很喜歡。

現在安搬回法國了，每次見面看到她的戒指和耳環，我就後悔當時沒去里約找她，她同時還有令人豎起大拇指的傳家收藏。就安而言，我想我沒見過她戴人造珠寶飾品，她的珠寶雖然看起來古怪，但都是真貨。

每回和她見面，我都會念她又戴了什麼我沒看過的首飾。「別傻了，」她通常都說：「妳當然看過，這我戴好幾年了。」但偶而她還是會說：「喔，對，這妳沒看過，這是丹尼給我的生日禮物。」

安有三個女兒，其中一個是我女兒的第一位、也是最要好的法國朋友，她們全都有一應俱全的珠寶行頭，有一些是代代相傳的珍貴寶貝，有一些是媽媽送的禮物，巴西製造。

我注意到法國資深美女們對珠寶配件各有特殊偏好，

並非對每一樣都有同樣強烈的感受。例如安對戒指著迷，也喜歡胸針和耳環，但她很少戴項鍊，除非是串著一顆大鑽石的金鍊。安瑪麗則喜歡戴上一圈又一圈的戒指和手鐲。凱蒂無論穿任何衣服都佩戴一顆串在一條雅緻金鍊上、又大又圓的白珍珠，去游泳也一樣。瑪莉安，我看得到的是，她什麼都涉獵一些，但總會戴著她那寬度到有半吋寬的鑲鑽婚戒。

我有一位摯友經常戴著一枚周圍鑲鑽的藍寶石戒指，有的女孩幸運的時候可能會收到像這樣的訂婚禮物。但這件飾品並不是那麼回事，這是她的丈夫在他們結褵二十五年後決定分手時送她的禮物。這種禮物叫做 les cadeaux de rupture ——也就是分手禮。

法國男人在一段認真的關係結束時，會送給女人一個告別禮物。這些小紀念物可以是有些許或顯著價值的珠寶，也可以是很簡單的譬如一束紫蘿蘭。結果，我朋友的婚姻並沒有結束，但她對這枚戒指卻愛不釋手——任何人看一眼那枚戒指就會明白原因了。

我愛耳環，很喜歡手鐲，我有很多很多的項鍊，但我很少戴，雖然多年來我一直很熱愛蒐集。

手錶。法國女人通常都擁有一款獨鍾的錶，多數時候都戴著，還會有一個「值得玩味的」樣式通常在夏天戴。不過我有一些朋友謝絕那份樂趣，每一天都戴著她們擁有

一輩子許多回憶的經典名錶。

我有兩只手錶。一只是卡地亞男仕坦克錶，偶而換換錶帶，有時換上鮮亮的顏色。另一只是先生送我的（原屬於他的母親）一只古典雅緻的黑色緞帶鑽石晚宴錶。

皮帶

法國女性令時尚超越年齡，就算不再柳腰細身，還是可以繫皮帶！她們不會因為局部的變形就屈服或放棄穿衣樂趣，而是尋找解決方案。

為了包容這把年紀有一點變粗的腰線，法國資深美女們用不同的方式綁皮帶：比較鬆，比較低，綁在衣服上面而不是老套地緊圍著肚腹，或穿過皮帶眼牢牢固定。有些人開始綁絲巾不綁皮帶，尤其穿長褲的時候。還有很多人喜歡綁羅緞緞帶，比較柔和富女人味，又能傳達當季流行的顏色。

圍巾、領巾、披巾

毫無疑問，這是所有配件當中法國女性擁有最多的一種。

在成為時尚記者之前，我的記憶裡，圍巾就只有兩種用途：粗線編織的長圍巾繞脖子圍一圈用來保暖（因為我的出生地是尼加拉瓜瀑布），以及方形絲巾摺成三角形戴在頭上，兩角在下巴處打結做頭巾，這樣就可以坐著敞篷車在風裡任意馳騁了。

後來我被派到巴黎，發現法國女人綁圍巾的方式別出心裁，非常時尚。我連忙衝回家提筆報導，同時自己也開始蒐集，到今天數量已經多得令人臉紅。

我可能太狂熱了，但圍巾也許是彰顯自我最簡單的方式。有些綁圍巾的技巧是需要練習，不過，很值得。

特別要注意的是，圍巾可以圍得「老氣橫秋」也可以「朝氣蓬勃」。如果妳查覺有任何一絲邊邊不整，要立刻重打。

我花了好一段時間才學會怎麼將披巾繞著雙肩披上，讓它靠著某種超自然力量服帖不滑落，像法國女人一樣。初學者可以在肩膀邊緣將披巾兩角用一枚「有價值的」胸針別上，這樣不僅是個精緻的收邊，也有固定的作用。總有一天，像我一樣，妳也會找到披巾在身上的微妙平衡點。

披巾不只讓上半身保暖，它也增添了那「說不上來」的扭轉一切的魅力，從經典組合如牛仔褲、外套、白襯衫到黑色小洋裝，從簡單到華麗，什麼都能搭圍巾。一件喀什米爾成分很重的黑色毛料圍巾可以做很多用途的發揮，披巾則是為基本色的衣櫃添加顏色的理想方式。

內衣

說真的，妳該不會以為一本討論法國女人的書可以對內衣隻字不提吧？開什麼玩笑。

法國女人喜歡感覺自己有女人味、有自信，喜歡漂亮內衣緊貼著肌膚，然後，想到很可能除了自己之外沒人看到她們正穿著某件很漂亮很性感的衣服，她們就很得意。

我所有的訪談和實驗都得到這個結論：內衣滿足以上各項渴望。

多年來，我的內衣櫃裡滿是讓人振奮、色彩豐富的俏麗小衣服，它們經久耐用，足以信賴，有支撐性。我一直以為擁有色彩豐富的內衣庫藏，就表示我很開放，但法國女人不是這麼看的。現在我有更多華麗大膽的寶貝，穿上那些有著漂亮蕾絲的衣服，真的，會讓我感動得顫抖，而且支撐性和裝飾的多寡並沒有直接關係。

　　內衣令人興奮，這是個無法否認的事實。即使穿它只為了自己非常私人的樂趣。漂亮的貼身衣物實實在在改變了女人的態度，它的力量強大無比，一部分因為它是我們的祕密，而它也支撐著我們的性格裡，也許出於必要而隱藏在穿著下面的那一部分。

　　此刻我坐在電腦前面，我可愛的灰石南棉內衣褲是一套的，儘管不性感撩人也不柔順光滑，但我謹守每位法國媽媽教她女兒的基本準則：絕對不能穿不成套的內衣褲出門，在家裡也不可以。記不記得母親教導我們內衣褲務必經常保持乾淨？我們的媽媽擔心的是如廁或月經引起的偶然狀況，但法國媽媽可能比較在意平時分泌物的殘留，一個細節便充分道盡兩邊的文化差異！

　　法國最具盛名的內衣設計師之一香塔爾‧托馬絲了解有些女人不像她那麼在乎內衣服飾，但她相信那些在

小心照護

坎朵夫人（Madame Poupie Cadolle）建議，她的內衣（還有高級訂製服和高級成衣）要用溫水手洗。「用洗髮精當作洗衣皂是很棒的選擇，因為它不含去污成分。」她說。「女人將內衣丟進洗衣機去洗，會被破壞的不是比大多數人想像還要堅固的蕾絲，而是肩帶的彈性。」

乎的女人都了解內衣具有的轉化效果。香塔爾相信內衣會影響一個女人動靜之間的姿態。

她形容她的作品是「很有女人味、性感誘人、輕鬆自在、狂野大膽」，同時強調絕不能沒有舒適感。「內衣一定要讓女人穿起來舒服，」她說。

我們很常聽到或讀到法國女人對絲質內衣有偏好，但我問朋友這是否屬實，只有一位附和。

安說太麻煩了：「要手洗，要燙，我沒辦法處理。」她和我認識的每個人一樣，的確擁有幾件高級的絲質內衣，但早就不穿了。如一位朋友所說：「那是以前我們年輕有時間，或者我們有些人請人代為洗和燙，而且我們穿的原因可能比較是為了某個人而不是為自己。」

潔若汀和我是多年老友，她說她有一個小抽屜裡面只放絲質內衣褲和小可愛，她心情鬱悶時會拿來穿。平常時候她從一個比較大的抽屜拿內衣穿，那裡面放滿了好洗好整理但好看的小衣物。

在巴黎要找製作精良的絲質內衣並不難，但就我所知，每個百貨商場都有提供比較「合理」的其他選擇——也就是說，相對平價，並且，確定的是，無需額外處理。品質優良的絲質內衣售價驚人，而且一定要精心維護。

說到昂貴，我一直有聽說巴黎的極致奢侈品其中一樣，是華麗的訂製精品內衣，但我從沒想過去了解內情

——直到開始寫這本書。

我撥了電話給著名的坎朵夫人，她提供並創造樣式驚人的貼身內衣，她本人就是魅惑的化身。

她的高級訂製內衣沙龍隱身在連接佛布聖多諾黑街（rue de Faubourg-Saint-Honoré）一條狹長幽暗的走廊盡頭。坎朵夫人穿了一身黑，身材有點圓，面色蒼白，亞麻色的直髮及肩。她無疑是一位法國資深美女，她將女性如何撐托上半身與勒腰提臀視為非常嚴肅的使命。她很高興她的奢華作品，能為穿它們的女人及女人生命中的男人帶來歡愉。

她還透露，偶而男人會和他們的妻子或女朋友一起來挑選內衣，她非常開心自己可以在他們的浪漫故事中扮演一個角色。

不再贅述了。我坐在她店裡的桃紅色糖果椅上，想了解為何女人願意為了撐托上半身花六百五十歐元（這已經是這裡的最低消費）。聽到這個問題，坎朵夫人的面色嚴肅起來。

她對世界各地百貨公司的內衣專櫃所營造的普遍風氣深惡痛絕，認為那些地方沒有提供買內衣應該要知道的重要資訊，卻要女人掏出錢來購買也許根本無法支撐她身體的內衣。她相信多數女人一直以來都買錯內衣，令身材受到重大損害。「幾乎大部分的內衣專櫃都沒有專業人員來

幫忙丈量和協助客戶做選擇，實在不像話。」她說。

既然如此，我問她購買現成胸罩應該注意什麼，以下是她的回答：

· 罩杯的縫線要堅固才能支撐胸部。
· 多數女人都誤會了，其實肩帶必須無伸縮性才能穩定上半身。
· 在背部，胸罩的肩帶連接處要有點彈性。
· 胸罩在背後固定點，應該盡量低。
想看看，若背後固定的點往上推，前胸就會往下掉，失去支撐性。

她的高級訂製沙龍提供所有想得到的內衣精品，包括什麼顏色都有的馬甲、睡衣、小可愛、平口小褲（tap pants）、超華麗高機能內衣、塑身內衣、睡袍，還有吊帶襪。

坎朵夫人很惋惜多數女人覺得不穿吊帶襪是種解放。「吊帶襪好有女人味，好性感，」她說。「現在卻幾乎只存在於幻想國度（說白了是男性的幻想國度）。」不過，她補充一句，新娘子仍然喜歡穿。

想體驗高級訂製內衣的奢侈款待，但不想要被三次量身和砸下重金，可以去逛坎朵夫人的高級成衣精品店，離

這個精緻高雅的訂製服殿堂只有幾步遠，在那裡胸罩的售價從一百五十歐元起跳。

指甲油

指甲油當然也算是一種配件。這是個能天馬行空地發揮、又對荷包最友善的投資。很多女人拿不出大筆預算迎接換季，但可以透過指甲來享受潮流。若不是彩妝店想到了這點，他們何必經常引進各式各樣的時尚新色，來搭配歷久彌新的經典色？

一個女人的雙手如果照護得不錯，也就是說，沒什麼青筋和曬斑，而她也敢嘗試，她可以玩玩市面上各種不同的濃淡色彩。如果怕顏色太古怪，她還有腳指甲可以試。

我的朋友當中，大部分的人都還是只敢用粉紅色系。我到鎮上去探險時，看到很多大膽的顏色，尤其是在精品店女主人的身上。她們會用灰和紅這兩個色調來做每種想像得到的變化——從濃烈哥特風的波爾多深紅到新鮮的櫻桃紅，以及各式各樣的珊瑚紅。至於黃和綠，通常留給腳指甲，然後搭配涼鞋，倒讓我覺得這是在玩時尚而不是在表達個性。去年夏天，我看到一個女人擦灰色指甲油配銀色涼鞋，好看極了。

CHAPTER

9

魅力無限
Enduring
Enchantments

無限的魅力、優雅、儀態、機智以及更多……

　　法國女性，尤其是超過四十歲的法國女性，致力擁有個人風格的用心程度，絕不亞於經營自己的一言一行和生活品質。她們憑著決心和瀟灑的態度，積極創新地構築屬於個人的生活風格。

　　她們一次又一次地證明，討眼睛歡心可以提振心靈，而受到滋潤的心靈賦予生活意義。

　　她們所做的每件事，都反映出她們非常在乎細節。她們用對待自己的優雅和勤勞來面對生活瑣事、親友情誼，以及，最重要的——照顧家人。從不心存僥倖。

　　法國女人的外表令人神魂顛倒，迷戀不已，而現在我

想告訴妳，她們的性格、優雅和魅力也同樣令人著迷，甚至有過之而無不及。

美麗的本質

　　缺乏內涵的風格很難受歡迎，無趣、膚淺的女人成不了氣候，在法國，可千萬別耍白目。真正的風格是靈活機智的頭腦，融會貫通的文化修養，一步一腳印紮實地累積出來的。女人一定要招架得住一場饒富興味的談話，經常學習新事物、不斷地充實自己，才能滋養美麗的本質。簡單地說，這些才是永保青春的關鍵。

　　沒有什麼比一個女人機靈文雅的態度舉止更引人好奇了，早在女性主義思想傳到法國之前，法國女性就是運用影響力來搶奪勢力的高手，而她們的影響力，來自於女性特質、沉靜自持，以及，當然，聰明才智。放眼歷史這樣的女性比比皆是。

　　即使龐巴度侯爵夫人因為健康日漸衰退，長年不適床第之事，她在國王路易十五的生命中依然占有舉足輕重的地位。他從她那裡尋求歡樂、放鬆、諫言，和友誼。在他們共度的將近二十三年的歲月裡，他在她身上找到難得的一絲喘息。受過良好教育，美麗高雅的侯爵夫人用繪畫、

雕刻、彈琴、表演為她的國王提供一個避風港。據說她說話唱歌悅耳動聽，很令他陶醉。她全心關注娛樂和消遣，而且安排活潑熱鬧的晚宴派對和牌局遊戲，為國王解悶，幫他轉移注意力。

她的寓所美輪美奐，四處瀰漫女人味，充滿雅緻精品，賞心悅目的花卉，縷縷清香，和美味佳餚。她是瓷器製造工廠 Sèvres 的常年主顧，他們製作了一件高貴的玫瑰瓷器向她致敬。她那細緻講究、儘管奢侈過度的品味到今日都廣受尊崇。

再者，當然，她出席任何場合都是穿最上流的華服，而她往往選擇粉彩色系來烘托她蒼白的膚色。畢竟，在她為她的國王精心設計的舞台上，她本身是最吸睛的元素。

她獲得國王的信任，變成他的紅顏知己，在政事決策上因此擁有了相當的影響力。這到底是好是壞，那得看妳相信的是哪位作家寫的傳記。

她在四十二歲時死於肺結核，路易十四的曾孫，路易十五，為此感到萬念俱灰。

接下來，我們再來談談曼特儂侯爵夫人（Françoise dAubigné），太陽王路易十四喜愛她的聰慧和仁慈。

路易十四的妻子，西班牙公主瑪莉・泰瑞莎（María Teresa of Spain）死後，國王娶了這位五十一歲的寡婦，並

在非公開的宗教儀式當中冊封她為曼特儂侯爵夫人。史學家說她嫵媚動人，篤信宗教，溫柔高貴，而且聰慧過人。在他們結婚之前，國王在她的陪伴下度過許多一起討論政治、宗教和經濟的時光，她曾受天主教洗禮以及清教徒教育，對宗教有特別多的想法。沒有任何史學家正式指出他們何時從朋友變成戀人，但多數都提到國王是如何熱烈的追求，以致於連端莊謙遜如她，都很難拒絕。

　　據說，正是曼特儂侯爵夫人的關係，使得路易十四熱切想要回歸宗教。

流傳自沙龍的文化影響

　　法國歷史信手捻來，處處可見因沙龍而備享聲譽和頌揚的法國女性，她們招待知識份子，藝術家，作家，以及享樂派人士，其目的只有一個：享受激發振奮人心的談話、辯論、逗趣的應答，和熱烈的思想交流。而也正是因為沙龍，珍‧泊瓦崧（Jeanne Poisson，也就是龐巴度侯爵夫人）才受到宮廷的賞識。沙龍讓她展現了優雅睿智的風采，使她在巴黎樹立了名望。

　　辯論是根深蒂固的法國文化，說起來，它一直都是一種高級魅惑術，今日亦然。含沙射影地說女人走進權力

世界的唯一途徑是靠勾引男人，有些偏頗且有失公允，然而，這也的確是長袖善舞的女人所具備的看家本領。

多數史學家認定，兩性平等的概念首次被提出，是在法國大革命時期，主張法國婦女應該要有選舉權時。然而，法國女性一直到 1944 年才獲得投票權，而幾乎整整一年之後她們才投下真正的一票。比較起來，在美國，憲法第十九條修正案頒予女性投票權，早在 1920 年便通過了。

西蒙·波娃（Simone de Beauvoir）所著開創性的絕世鉅作，1949 年出版的《第二性》，是許多人心目中關於現代女性思潮的奠基論述。她於此書中拋出「他者」的議題，假設「先是存在，後是本質」，所以「女人並非生為女人，而是變成女人」。依此延伸，她主張存在主義的哲學理論，應該賦予她在社會上平等的地位。她熱烈對抗男性優於女性的預設立場，並爭論儘管女人幾世紀以來受制於男人，但她們絕對有能力，精明理性，深思熟慮地做決策。

辯論的力量

「歷史」經常也是法國晚宴派對上的辯論主題，這種唇槍舌劍的夜晚往往會帶給賓客們難忘的回憶，而且，這

些話題很可能都是女性挑起的，就像古時候她們的前輩在沙龍裡一樣。

我曾經參加過一場這樣的晚宴派對，那餐飯之中的主要話題，有一部分是在爭論哪個畫家的風格最能捕捉真實的路易十三或路易十六。（我想說的是，拜託，在座有哪位看過這些早已作古的國王們的任何近照嗎？）我的赴宴同伴一面唇槍舌劍地辯論鼻子的大小和下巴有幾層，一面享受燉肉火鍋和一瓶令人讚嘆的 2000 年份的波亞克拉圖古堡（Chateau Latour Pauillac）紅葡萄酒，法國人非常喜歡用很簡單的家常菜搭配頂級的酒。誰能不愛上這樣澎湃激昂的夜晚？

在法國，哲學是高中必修科目，而且也是畢業會考的科目之一，可見法國成年人對任何話題都可以高談闊論一番的興致，是從小培養的。甚至，成年人抨擊哲學考試的試題，也是個好玩極了的社交遊戲。

我不禁懷疑其他國家是否會有哲學雜誌月刊。法國有，當然。哲學雜誌《Philosophie》的出版目的是為了「讓廣大群眾藉由討論政治、社會、科學、經濟、和藝術……欣賞哲學。」

The French Are Different

法國人不一樣

對母語是英語的我們而言，法語可說是個誤解滿布的地雷區，不只是文法複雜而已（我的動詞順序從來沒弄對過）。尤其是當我們遇到「假同源詞」時，特別令人混淆。「教育」就是一個這樣的字。

英文裡的「education（教育）」指的是我們在學校的學習。而法文中「education」卻是指一個人從家庭和文明社會學習到的一切，包括禮儀（politesse）、技能（savoir faire）、謙遜（courtoisie）、美德（moralite）以及藉著定期參觀博物館，接觸藝術歷史，所培養出對文化的高度鑑賞力。而「instruction（教學）」才是指一個人在學校吸收學習事物。文化，當然，是法國教學體制下很重要的一環。

最近的高中哲學會考題目，要求學生就以下問題提出自己的主張：

- 沒有政府我們會不會比較自由？
- 信仰和理性思考一定是對立的嗎？
- 工作的唯一理由是為了不要成為米蟲？
- 齊頭式平等是否危害了個人自由？
- 藝術的必要性不如科學嗎？
- 自制力是否建立在自知之明上？
- 曾被不公平對待，會使一個人公正處世嗎？

晚餐話題

社交場合裡討論的話題我唯一沒聽過的是宗教。宗教是個忌諱，因為它可能會得罪人，法國社會不允許任何冒犯的舉動。至於在社交場合裡表現得讓人驚豔，則是合理、應該、天經地義。

晚餐桌上最受歡迎的話題，就屬性和政治了。噢，是的，巴黎人辛辣的流言蜚語，和王室宮廷一樣歷史悠久，更是醉人的開胃酒裡，製造妙趣橫生的交談不可或缺的要素。

很多人自稱不會像美國人那樣，隨意討論金錢、工作、和社會地位這些話題，就算聊到，也會嚴守更謹言慎行的社交禮儀。有人會說說自己在巴黎郊外某個高級地帶擁有一棟週末度假屋，或是有一座家族古堡，或是在瑞士格施塔德（Gstaad）有小木屋、在比亞里茨有小別墅、有爵銜、有「用了好幾輩子」具美術館典藏價值的傢俱、有幾代傳家的珠寶等等。

美國人沒有歐洲人的爵銜和祖傳財富，我很驚訝那些貴族們，對於白手起家而致富的人，是抱持著一種驚奇（正面的）但一笑置之的態度。貴族們經常對於這些靠自己努力而成為暴發戶的成功故事說長道短，然而他們大部分只能保住、頂多偶而增加一點自己的資產，更多人則是

老早就失去一切，只剩一棟搖搖欲墜的城堡。

　　無論談論什麼主題，每個人都必須對答如流並且言之有物，法國女人早就準備充分，而且她們喜愛這些爭論。有什麼比一個滔滔雄辯中的女人（或男人）更有生命力，更性感撩人？年齡？這和年齡有關嗎？

　　人的交談很神聖，是一種超越年紀，超越時光的分享和消遣。

充實內在美

　　我認識的法國女人，都會趕著去參觀巴黎最新的展覽，有些人還會找到一些鮮為人知的博物館和畫廊，然後告訴朋友她們的新發現。她們帶兒女和孫子們去看展覽，然後一邊吃午餐一邊討論。在巴黎，接觸藝術、文學、戲劇、芭蕾、音樂和飲食對她們等於呼吸一般自然，而且她們相信將這股熱情傳遞給下一代是責任。這個快樂的任務通常由祖母來擔負，這給她們時間和孫子們相處，而這些寶貴的時光就是無價的禮物。

　　我有一位朋友在巴黎索邦大學（Sorbonne）修旁聽課。「我好興奮，」她說。「我可以隨心所欲選擇我想更

深入學習的科目，或選一個我完全不懂的。當我發現什麼複雜或新奇的事物，我就講給我先生聽。他很喜歡聽我講，我覺得這種分享也是幸福婚姻的小祕訣。」

我有朋友會購買歌劇和芭蕾舞劇的季節套票，另外有朋友偏愛戲劇，但幾乎我認識的每個人都有一份她們最近要看的院線電影清單，包括那種可能只在影片出產地和小型巴黎藝術片戲院放映的那類電影。

妳上次想到要看在亞塞拜然或班加羅爾拍攝的電影是什麼時候？我的朋友伊迪絲和她的丈夫只要有機會，隨時隨地都在找這種低成本製作的電影。有時看了失望，有時看得入迷，他們通常都會向我報告。

儘管，慢慢地（同時也遺憾地），實境秀霸佔了部分黃金時段的電視節目，還是有很多人喜歡製作精良的「歷史祕辛」（Secrets d'Histoire）影集，這是在主流頻道播出，半固定式的連續劇。故事內容包羅萬象，有王室宮廷的陰謀策劃，風流韻事，朝務國事，奸臣弄政，還有來自世界各地的工藝介紹、景觀設計師勒諾特（Andre Le Notre）和建築師勒沃（Louis Le Vau）的優美建築。

這些節目將歷史用難以抗拒的神話式敘事來解說，隨著史學家的論述和貴族親屬對家族往事的篇篇回憶，有些故事以朗讀過往信函與歷史文獻的方式加以呈現。這些長篇敘事讓觀眾完全沉醉其中，而且還讓我們學到東西，正

好為下一場晚宴派對蒐集趣聞軼事。

　　住在法國，身邊盡是文化財產。離我們家不遠，巴黎西邊郊外，有棟拉法葉將軍親屬後裔的週末別墅，我曾經被招待參觀他們的房子。湯瑪斯‧傑佛遜（Thomas Jefferson）總統出使法國的相片混在稀世無價的裱褙信函文獻裡，一起懸掛在牆上，沒有考慮陽光可能引起的破壞，或溫度變化可能造成的風險。我的導遊親切大方，認為身為美國人的我會想看到美法兩國在歷史上攜手合作的畫面，真叫我感動涕零。

　　自從我住在法國，看到這一片受歷史召喚的熱情，我常納悶學生時代我怎麼對這個科目從不感興趣，也許問題是出在如何說故事。而且，老天爺作證，法國人真的很會說故事。

說故事的魅力

　　說故事的功力，正是另一項法國人特有的魅力。

　　時時刻刻散發魅力是法國女人的一身本領中，最令人神魂顛倒的一項，而這件事曾在一場週日午餐席間引來熱烈的交流，我詢問在座的男男女女：「你如何定義魅力？」這個提問所引發的激烈探討令我驚訝不已，法語本身就是

一座錙銖必較自相矛盾的迷宮，這點在接下來的談話之中表露無遺。

在場人士口徑一致對我說：「一個擁有『du charme（魅力）』的女人和『femme charmante』（一個有魅力的女人）無法相提並論。」呃，好，說清楚一點，拜託，魅力就是魅力，不是嗎？

才沒那麼簡單呢！

忘掉「du charme」吧。這玩意兒是天生的。那是一種既吸引人、又魅惑人，後天學不來的能力。小孩可以擁有它，一個八十五歲的女人也能持續擁有它，而且擁有「du charme」的女人也許不到某個年紀不會自知，它會從姿態、從眼神流露出來。那是一種神祕的魔力。任何人被它吸引就如飛蛾撲火一般，無力招架。

凱薩琳・奈（Catherine Nay）是一位新聞記者及傳記作家（更是一位美麗的法國女性），她告訴我，「du charme」在嬰兒身上就看得出來了。她說：「我在我的外甥身上就有看到。在他都還不會說話的時候，就會施展魔法，現在他長大了，果然是個魅力難擋的男人。」

也許這就是我們所謂的個人魅力，少見又很難複製。但話說回來，他們又告訴我任何人都能「charmante（有魅力的）」，而且，如果願意，也可以讓人完全為之傾倒。這是一個絕對能實現的優質替代品。

如果不是生來就有魅力，我們還是可以學，就像這本書上提到的每件事。與人談話時，正視和你交談的對象，大方誠懇的恭維對方，專心聽人說話，不打岔。千萬別忘記，禮貌是體貼的表現。

禮貌很重要

再強調都不足以說明，在法國的社交場合，無懈可擊的禮貌態度有多重要。禮貌就是體察入微的心，譬如幫助一個羞怯的賓客加入談話。在氣氛比較不那麼融洽的場合，不必和善但表現尊重的行為準則也是有的。懂得這些，任何人都可以迎頭趕上法國女性的魅力。

就像我定居法國的理由說的：「每個女人都有她美麗的地方，把它找出來告訴她。」他生來就很有魅力，但他會依據對人的好感程度來選擇性地展現。

法國人這麼定義一個有魅力的資深美女：活潑、細心周到、好奇、有修養、沒煩惱（表面上）、大方、仁慈、有趣、聰明。她的行為舉止無可挑剔，而且知道怎樣讓別人感覺受重視，她樂於發問且願意傾聽。

當然，撒嬌使媚在這當中也會發生作用。法國女人天生就愛賣弄風情，以魅惑他人為樂，她們通常只是單純的

覺得好玩，想逗逗人。在法式晚宴上玩這種遊戲，曾經在我的人生裡留下一些最美好的時光。

我承認，在我來到這裡的前幾年，三十出頭歲的時候，這種交流讓我不自在。我沒搞懂這只不過是為夜晚增添一點小情趣、小消遣。後來，我變得樂此不疲。

很多在歷史上視為女人看家本領的小動作，至今仍被法國女人發揚光大。我認為社交場合裡的法國女性傾向展現比較溫柔的女人味，但這絕非示弱。我大部分的朋友，年齡從四十幾歲到七十幾歲不等，個個都主張男女平等，但她們和男人爭戰的場合不是在家裡，而是在公家機關和私人企業中，為了同工同酬，工作機會，以及職位升遷，捍衛女人的權益。

這是局外人的觀察，我的朋友也證實如此，但也不見得都是對的。

法國男人跟我打包票，對他們來說年齡一點兒也不重要，還進一步說他們的眼睛「跟任何健康男性的眼睛一樣」，會受到年輕、穿迷你裙的漂亮女孩瞬間吸引。但是在晚宴派對上，如果那個年輕靚女腦袋空空，那他們寧可旁邊坐的是一位擁有魅力和風趣，讓大家開心的女性。

一旦被一個女人才華洋溢的言談所編成的親密圈套網住，就沒人可以掙脫。每一位我訪談過的男士，每一位我

認識的男性，包括跟我住在同一個屋簷下的那位，都告訴我，光靠外表絕對不足以產生經久不衰的吸引力。

一個歌頌以魅力、機智、聰慧和優雅塑造恆久魔力的文化，怎能不叫我們著迷？再說，美麗的心靈能使女人的外表也天長地久地顯得美麗，有什麼比這個更傳奇？

尾聲
EPILOGUE

轉化
嶄新的我，不斷進化

　　這本書終於進入尾聲，我也終於從一個「上年紀的女人」變成比較像「資深美女」了，我相信妳也已經懂這當中的細微差異。現在我已經很能掌握對年齡的自我調適，而且我很肯定，定居法國之後學到的一切，在很多大方向上，大幅改變了我的人生。

　　這也許是最後一章，但我的轉化之旅是持續不斷的長篇冒險故事。

　　開始這場探險的時候，我並沒有想過會因此脫胎換骨，而現在，我想要從這些任何年紀都活潑又入時的大師們身上，繼續吸收各種美麗心法。我想這算是一種演化，不是革命，而且帶著一點兒法國味。

　　若沒有搬到法國，我絕不會變成今天的樣子，在這個

國家超過二十五年的生活當中，我身體所經歷的轉化，也一樣發生在我的處世態度和人生觀上。

不過我們先講身體的，好嗎？

我就直接承認了吧，我這個人的確很在意外在美，但重點是，內心要擁有那種想要呵護自己的心意，才能真正感到自在、心曠神怡。而且說真的，就這方面法國女性的態度比較嚴謹，也明顯地執行得比較成功，從她們的外表可以得到證明。

因此我展開這趟揭祕的旅程，親身嘗試許許多多她們最喜愛的日常儀式、例行功課和體驗，無論我是否曾經排斥和逃避，後來都一試成主顧。

在這條抗老的路上，我已盡我所能，歷經成功、失敗和妥協。這是一場戰爭，防守戰術不能停，而且任何戰術的成果，都會立即反映在身上。

妳應該明白我的苦心了，我好比戴著珍珠擦了香水的白老鼠，不亦樂乎的拿自己做實驗，因為我想得到一個關於優雅和銳氣，更正確、更好的公式。

公式必須建立在事實之上，於是，我忙於驗證一個又一個的假設，而且往後的每一天都要繼續下去。

別以為當法國女人輕鬆愉快，她們每天都帶著自知之明和自尊心下功夫，不斷努力，養成好習慣。沒有付出卻

想變優雅，那是不可能的，不過反言之，付出帶來的快樂和成效，一眼就看得見：皮膚晶瑩剔透、頭髮輕快豐盈、身材苗條（沒人要妳瘦成四季豆）、舉止雍容端莊；泰然自若散發出面貌一新的自信光芒。這是一場雙贏的奮鬥，當我們好好珍惜愛護自己，就一定會看起來比較年輕、比較健康、瀟灑、而且「安心自在」。

每當我努力對抗歲月時，我一定要求自己嚴守紀律和全心投入，而我發現，這樣的意志帶給我嶄新的自由。我很樂意在沐浴時仔細熱情地給皮膚去角質，然後塗一層厚厚的保養乳霜，而使用抗橘皮組織、消脂保養品更是需要枕戈待旦。

有一次，我很幸運地受克蘭詩招待一回九十分鐘的燃脂、去橘皮按摩療程，簡直上了天堂。不過，這個療程並非一次見效，要達到明顯的成效必須固定做一段時間，這對身體不會造成負擔，但對預算，就完全是另一回事了。我沒有因此放棄，因為我有對自己承諾，但抗橘皮可不簡單，需要一、兩個月的時間才能變成習慣。

同樣的，要擁有平坦的小腹，我沒有自欺欺人的擦什麼塑身凝膠、瘦身乳霜或乳液，我的藥劑師朋友要我把錢省下來去練瑜珈。我照做了，她是對的。

仿曬產品讓我跌了好幾次大跟頭，這絕不是因為我不想曬黑或動機不夠強烈。我努力了很多年都學不會，總

是曬成小斑馬和棕色腳指甲，法國女人絕不會把自己弄到這種地步。然而，一整年都曬成古銅色的雙腿是多麼誘人啊，古銅色的雙腿會看起來比較修長年輕，也可以遮掩難看的肌膚斑點和血管青筋，於是我一直勤於練習，過了一段很長的時間之後終於熟能生巧。成功運用仿曬產品，是我最得意的成績之一。

別的不說，我的探索歷程中也會有折衷妥協的灰色地帶，還有……偷懶。就像此刻坐在電腦前面的我沒有化妝，這是法國女人難以想像的。儘管今天我沒有打算出門，但也無法確定查水錶的人會不會出現在門口，或那位可愛的郵差小姐是否會送包裹來。哎！他們會怎麼想？會跟誰說？我幹嘛在乎？

話雖如此，今天早上起床時，我還是在臉上噴了敏感肌膚專用的活泉水，也擦了神奇的抗老精華液，接著又塗上號稱有同樣魔力的乳液，所以我猜想我一邊做事它們也一邊發揮功效。我將頭髮往後梳用束髮帶固定，束髮帶是法國人用來對付一頭亂髮的終極配件。其實我已經多年不曾一頭亂髮，但工作時我總是套上束髮帶或綁馬尾，出於某種心理因素，寫作時我需要將頭髮往上推，往上推，推遠一點。

眼睫毛我也夾翹了，嘴唇塗了有一點顏色的淺色護唇膏，最妙的是，它還帶有神奇微妙的閃爍感。這樣看來，

也許，嚴格地說，我不算完全沒用任何狡計。此刻我穿著一件優衣庫（Uniqlo）淺灰 T 恤，我那可愛的黑色蒲帕（Bompard）喀什米爾羊毛套頭衫，領子和袖子有淺灰和深灰的撞色鑲邊，我可不是穿運動褲或睡褲，而是穿一條布料有點伸縮性，H&M 的灰色細條紋法蘭絨長褲。無論是否穿起來很舒服，我都還沒開始向鬆緊帶的褲子妥協，法國資深美女們用腰間的鈕扣來分辨何時該消耗一些卡路里，而各位都知道，無論何時何處只要有辦法，我都喜歡拿她們做榜樣。

至於我此刻的配件，有脖子上緊緊圍著的多重灰人字羊毛喀什米爾混紡圍巾，金色 Créole 耳環。我的雙腳舒適地套進一雙我先生的黑灰紅菱形織襪，然後穿上黑色麂皮樂福鞋——妳可以看得出來我這樣搭配是有主題的。如果要出門，我會塗腮紅，用全世界最好用的植村秀睫毛夾重新夾翹我的眼睫毛，再抹上一層睫毛膏。腳指甲塗的是很搶眼的野紫紅色（Fuchsia Provoc），手指甲塗的是艾惜粉嬌柔指甲油（Delicacy by Essie），這個顏色容易維護而且幾乎看不出來。

我還噴了一點我最喜歡的愛馬仕香水，在頸背和手腕，這是無論如何天天固定的動作。噴在頸背，是因為**我定居法國的理由**會親吻我那裡，噴在手肘，則是為了取悅自己。

我的內褲，雖然並不性感誘人，但顏色是相配的。今天的組合是深紅色，沒有蕾絲或花俏的邊飾，但這個顏色對我而言是有特殊意義的。

在搬到法國之前，當我一個人在家工作，除了我的狗之外，沒有任何訪客，我會去傷這些小腦筋嗎？也許不會，但我現在體認到，「把自己穿戴整齊」不是瑣事，梳妝打扮本是一種樂趣。

我不得不承認，洗澡、化妝、排程並攤開衣服和配飾、為了某個場合盛裝打扮等等這些事情，我一向喜歡花越多時間越好。對我來說，期待和準備是樂趣的一部分。即使是「不盛裝打扮」，我都不再能安然穿上任何過時、搭配不當、皺巴巴的衣服，以及早該扔掉的內衣。那樣穿沒有吸引力，感覺不對勁。我不需要有場合才能盛裝打扮，起床出門就是一個女人穿戴整齊的全部理由。

那麼，人生觀呢？我欣賞法國女性的美感哲學，然而我更仰慕她們的人生哲理。她們對現實有所領悟，但仍絲毫不減熱情或浪漫，反而因此對許多事釋懷，也對平凡的人生深切感激。

我看到她們在人群之中，如何殷勤懇切地展現正面態度。

法國人很尊崇本土哲學家，哲學又是中學必修科目，

我想，他們因此對於人類行為傾向抱持比較形而上的觀點。我也開始練習這樣看待事物，除非不愉快到了極點，我都試保持比較寬闊的心胸，將眼光放遠。這麼做並非易事，但是在不做濫好人的情況下，我發現這樣的態度讓我感覺自己比較仁慈，比較不會耍脾氣，刻薄無禮要比與人為善更傷元氣。

接著說下去吧，妳知道我很喜歡列清單，現在我要和妳分享一份清單，列出所有如今我會固定遵循的，各個層面的每件事，這些都是我住在法國後才有的領悟：

- 多不見得就好，多通常會令人失望，有時甚至令人沮喪。
- 用積極的態度看待身心。
- 每個女人都一定要有一支自己信任的、由能幹的專業者所組成的娘子軍（包括裁縫師、髮型設計師、修鞋匠、皮膚科醫師，等等。）
- 保留一點祕訣給自己。
- 既然自己就是最好的投資，絕對有必要找時間給自己。
- 學習說不，會得讓妳得到釋放，雖然需要練習，但使命必達往往換來痛苦和不滿。
- 以上各項的附屬規則：我們並非置身於一場最佳

人緣競賽的角逐，沒有人可以一直不停地取悅所有人，不是每個人都會喜歡我們。這就是人生。

- 天天擦香水，就是要擦呀。
- 我的個人偏好：一年到頭都塗上腳指甲油。我從這個簡簡單單的習慣中得到一股特別愉快的悸動。
- 編列預算，投資在能得到最佳報酬的產品和服務，例如剪髮和染髮，兩、三個很棒的包包，幾雙好鞋。
- 別理那些廣告，通常藥妝店裡有更好的美容保養品，而且價格公道。
- 皮膚科醫師是必需品，不是奢侈品。
- 整理環境戰勝壓力和混亂。
- 付出努力等於製造樂趣。這包括從天天擺設一張漂亮的晚餐桌，到健康有益的飲食，擺在房屋四處的花束，給壁爐生火，每一樣事情。
- 對任何事情做出反應之前先停下來思考，無論是購物慾望，第二個馬卡龍，或衝口而出的刻薄話。
- 交談這門藝術不應成為絕響。
- 反覆再三地穿讓妳覺得舒服又看起來漂亮的相同衣服。它們給妳自信和能力。品質重於數量。
- 重新思考內衣的存在目的。
- 買便宜的鞋子很浪費錢。

- 如果我們正在減肥，不需要見人就說。成果勝過語言。
- 比相對論更實在的是雙 E 法則：過量不吃（Excess）＋不是特例不吃（Exception）＝零體重增加，零自責，百分百深度滿足。就像法國女人將偶而吃一塊巧克力蛋糕看作參加一場慶典一樣地恰當，表示她們參與並享受，但不會養成習慣。
- 女人的圍巾永遠不嫌多。
- 紀律讓妳自由。

終極的美麗雞尾酒

每一位法國女性，當我問到她們認為青春美麗的祕訣為何，不管幾歲，幾乎每一位都回答「愛！」（l'amour）。她們一定是有什麼重大發現，因為最新一期的雜誌有文章談到性愛對身心靈的種種好處。

但除了性愛，（幸運的話，希望那是基酒），她們在配方裡還加了美食、一點美酒、運動、經常性智力刺激、消遣娛樂、深厚的友誼，和一個正確看待壓力、煩惱、和老化的人生觀。

「這就是人生」（C'est la vie），在法國這不只是信口

說說的一句話。每當我聽到有人高嘆「C'est la vie」時，通常是對一個艱難關頭的讓步，因為人生本自有其喜樂與哀愁，但它擋不住法國女人堅定的勇氣，尤其是那些資深美女們，只要做得到，她們無時無地不致力於創造喜悅和美好。

有什麼比決心給自己一個盡可能有積極態度和明確目標的人生，更能促進青春美麗？

歸根究底，這一切其實都和抗老無關，因為不論我們做什麼，時間都會往前走。然而細心呵護自己，能提升我們的意志和我們的心靈，以及我們的風格，當然啦，風格是超越歲月的。和法國女人一樣，我不認為反正不會有人在乎我或注意我，就不值得花精神在自己身上。若我在乎，別人也會在乎。畢竟，呈現最精采的自我是每個女人對抗憂鬱的天然終極良藥。

祝福妳在轉化的歷程當中，有好運相伴。

謝辭

從哪兒謝起呢？

寫這本書是我最奇妙的人生經歷之一。我從訪談中得到許多樂趣，我非常感謝在我的研究調查當中，花時間說明、甚至讓我體驗（按摩療程、化妝課程、服裝顧問）的每一位人士。

首先，我要感謝各位讀者，希望妳享受這本書，和我寫這本書時一樣愉快。

接著，我要來感謝促成這本書成功出版的人們。

沒有我親愛，親愛的好朋友 Betty Lou Phillips，這本書不會誕生。說來話長，我只能說，她的幫助和鼓勵我這輩子感恩不盡。

Betty Lou 打電話給她的一位朋友，經由這位朋友我認識了我的經紀人 Lauren Galit。Lauren 就像另外一位朋友（及作家）說的那種已經絕種的經紀人，那種「事必躬親」，有時甚至「出手相助」的專業人士。在提案過程裡她為我打氣並提醒現況，我非常珍惜她的坦誠和友情。

Rizzoli 是我夢寐以求的出版社，夢想有時候的確會實現。當我的編輯，Kathleen Jayes，告訴我 Rizzoli 願意出版這本書的時候，我激動興奮得無法形容。和 Kathleen 合作真令人愉快，她的編輯能力精明、簡潔、細膩，讓這本書更加好看。我非常，非常感激她。

接下來是我的朋友們，他們在我的部落格「填寫」留言，幫我預讀提案與內文綱要，未經修飾的章節，等等，等等。這當中最主要的那一位，是我親愛的 Marsi Buckmelter。她不僅在本書萌芽階段就參與，還在部落格一

開張就加入。我也要感謝非常討人喜歡的 Janice Rigs，所有她給我的寶貴幫助和貼心好話。Debra Wolf，妳一直這麼支持我，做我忠誠的朋友。Deb Chase，妳的專業意見無比珍貴。

我特別要感謝 Sujean Rim，她的封面插畫可愛極了。還有 LeAnna Weller Smith，她的藝術指導創意十足。

啊，我所有的部落格訪客朋友們，Merci mille fois!（萬分感謝），妳們的留言回應和一封封鼓勵我，支持我和愛護我的電子郵件。妳們真的太棒了，我永遠無法告訴妳們，擁有妳們對我的意義何等重大。

出於種種原因，還有更多朋友知道他們對我意義非凡：Robert Olen Butler、Art Joinnides、Trisha Macolm、Philip Miller、Alice Bumgartner、James Washburn，以及 Sarah Burningham。

還有，我要特別特別感謝這世上我最要好的朋友當中的一位，Judy Diebolt，她的常相陪伴，通情達理，一切的一切。

也謝謝 Will Fletcher，我那迷人有趣、極具才華的作家女婿。

還有，永遠，永遠，感謝我這一生的摯愛：亞歷山大和安卓雅。沒有你們，任何事都不可能。

We are always the same
age inside.

「內在的孩子
永不老去。」

葛楚·斯坦（Gertrude Stein）

國家圖書館出版品預行編目資料

那些法國女人天生就懂的事 / 蒂許.潔德(Tish Jett)著；呂
珮鈺譯. -- 初版. -- 臺北市：積木文化出版：家庭傳媒城邦
分公司發行, 民104.04
　　面；　公分
　　譯自 : Forever chic : Frenchwomen's secrets for timeless
beauty, style and substance
　　ISBN 978-986-5865-90-0(平裝)

1.美容　2.生活指導

425　　　　　　　　　　　　　　　　　　　104003726

那些法國女人天生就懂的事

作　　者	蒂許‧潔德（Tish Jett）
譯　　者	呂珮鈺
封面插畫	Sujean Rim

總 編 輯	王秀婷
責任編輯	李　華
版　　權	徐昉驊
行銷業務	黃明雪

發 行 人　涂玉雲
出　　版　積木文化
　　　　　104台北市民生東路二段141號5樓
　　　　　電話：(02) 2500-7696｜傳真：(02) 2500-1953
　　　　　官方部落格：www.cubepress.com.tw
　　　　　讀者服務信箱：service_cube@hmg.com.tw
發　　行　英屬蓋曼群島商家庭傳媒股份有限公司城邦分公司
　　　　　台北市民生東路二段141號2樓
　　　　　讀者服務專線：(02)25007718-9｜24小時傳真專線：(02)25001990-1
　　　　　服務時間：週一至週五09:30-12:00、13:30-17:00
　　　　　郵撥：19863813｜戶名：書虫股份有限公司
　　　　　網站：城邦讀書花園｜網址：www.cite.com.tw
香港發行所　城邦（香港）出版集團有限公司
　　　　　香港灣仔駱克道193號東超商業中心1樓
　　　　　電話：+852-25086231｜傳真：+852-25789337
　　　　　電子信箱：hkcite@biznetvigator.com
馬新發行所　城邦（馬新）出版集團 Cite（M）Sdn Bhd
　　　　　41, Jalan Radin Anum, Bandar Baru Sri Petaling, 57000 Kuala Lumpur, Malaysia.
　　　　　電話：(603) 90563833｜傳真：(603) 90576622
　　　　　電子信箱：services@cite.my

封面設計	曲文瑩
內頁排版	優克居有限公司
數位印刷	凱林彩印股份有限公司

城邦讀書花園
www.cite.com.tw

First Published in the United States of America in 2013 by Rizzoli Ex Libris, an imprint of Rizzoli
International Publications, Inc. Published by agreement with Rizzoli International Publications,
New York through the Chinese Connection Agency, a division of The Yao Enterprises, LLC.
©2013 by Tish Jett
Cover illustration © Sujean Rim
Title illustration © Élodie, colagne.com
Other illustration credits: Les matières de France（978-4-7981-2397-4）

2015年 3月31日　初版一刷	【電子版】
2022年10月21日　初版十刷（數位印刷版）	2015年 4月
售　價／NT$350	ISBN 978-986-5865-90-0（EPUB）
ISBN 978-986-5865-90-0	有著作權‧侵害必究